MINISTÈRE DE L'AGRICULTURE, DU COMMERCE
ET DES TRAVAUX PUBLICS.

INSTRUCTIONS
SUR LES MÉTHODES A SUIVRE
POUR
L'ENTRETIEN DES ROUTES
POUR
L'EXÉCUTION DES PLANTATIONS
SUR LES ACCOTEMENTS
ET POUR
L'ENTRETIEN DE CES PLANTATIONS.

ANGERS,
IMPRIMERIE-LIBRAIRIE DE E. BARASSÉ,
Rue Saint-Laud, 83.

M DCCC LXIV.

MINISTÈRE DE L'AGRICULTURE, DU COMMERCE
ET DES TRAVAUX PUBLICS.

INSTRUCTIONS
SUR LES MÉTHODES A SUIVRE
POUR
L'ENTRETIEN DES ROUTES
POUR
L'EXÉCUTION DES PLANTATIONS
SUR LES ACCOTEMENTS
ET POUR
L'ENTRETIEN DE CES PLANTATIONS.

ANGERS,
IMPRIMERIE-LIBRAIRIE DE E. BARASSÉ,
Rue Saint-Laud, 83.

M DCCC LXIV.

Circulaire du Directeur général des Ponts et Chaussées et des Mines aux Préfets (1).

Paris, le 25 avril 1839.

ROUTES.

INSTRUCTIONS SUR LES MÉTHODES A SUIVRE POUR L'ENTRETIEN DES ROUTES.

MONSIEUR LE PRÉFET,

L'état des routes doit fixer au plus haut degré votre attention et la mienne; une circulation facile et commode est un si grand bienfait pour la société que nous ne devons négliger aucun effort pour le lui assurer. Depuis quelques années, d'ailleurs, les Chambres législatives, s'associant à la juste sollicitude du Gouvernement, ont augmenté les ressources dont l'administration peut disposer pour l'entretien des routes à la charge de l'État : il importe de tirer de ces sacrifices le plus utile parti possible. C'est là pour nous un devoir impérieux.

J'ai remarqué, Monsieur le Préfet, et vous avez pu remarquer comme moi, que les procédés de l'entretien présentaient encore des diversités que les instructions pressantes que je renouvelle tous les ans n'ont pas réussi à faire disparaître. Sans doute il est des différences qu'il faut admettre, et qui tiennent à la nature du climat, à l'espèce des matériaux, à la nature du sol; mais cependant il est constant qu'il y a aussi quelques règles générales qu'il est bon de prescrire, et dont il est fâcheux que l'on ne soit pas encore partout aussi pénétré que le requiert l'intérêt des routes : ce sont ces règles que j'ai cherché à recueillir en con-

---

(1) Voir la circulaire du Ministre des travaux publics en date du 21 janvier 1856.

sultant l'expérience, et que je me propose d'exposer dans la présente circulaire.

Je ne m'occuperai ici que des routes d'empierrement qui composent la presque totalité des routes de France ; les routes pavées seront d'une instruction postérieure.

Je supposerai d'abord les routes arrivées à l'état normal d'entretien; je les considérerai ensuite dans l'état de dégradation où elles se trouvent encore malheureusement sur une assez grande partie de leur longueur, et j'indiquerai, pour chacun de ces deux cas, les procédés généraux qu'il me paraît utile d'employer, et qui n'excluent d'ailleurs ni les procédés particuliers ni cette foule de soins et de précautions de tout genre que MM. les ingénieurs doivent mettre partout en usage pour assurer la viabilité des communications confiées à leur surveillance.

1° Entretien des routes.

Lorsqu'une route est en bon état, que la chaussée est saine et unie, par conséquent sans ornières, sans flaches, sans boue et sans poussière, que les accotements et les fossés ont le profil convenable, on peut toujours maintenir cet état de choses pendant toutes les saisons, quelle que soit la fréquentation, par de bonnes méthodes d'entretien.

Dans une bonne méthode d'entretien, il n'y a jamais que deux opérations à faire :

1° L'enlèvement continu de l'usure journalière de la route, soit en boue, soit en poussière;

2° L'emploi des matériaux qui doivent remplacer cette usure.

Ces deux opérations bien faites, et faites à propos, préviennent les dégradations; la route frayée dans tous les sens ne fait plus que s'user parallèlement à sa surface.

Enlèvement de l'usure. 1° Poussière. — Lorsque les voitures ont circulé pendant plusieurs jours sur une route telle que nous venons de la définir, si le temps est sec, la chaussée se couvre bientôt d'une petite couche de poussière. Cette poussière gêne les voyageurs et les chevaux, nuit aux propriétés riveraines, rend la route plus tirante, et, si une pluie continue survient, elle se change en boue, et la boue amène des ornières et des dégradations de toute espèce. Dans l'intérêt de la viabilité comme dans celui de l'entretien de la chaussée, il faut donc enlever la poussière. Cet enlèvement peut se faire comme celui de la boue, au racloir; mais à cause des petites inégalités du sol, cet outil ne peut être utilement employé que lorsque la poussière a une certaine épaisseur, c'est-à-dire lorsque depuis longtemps elle est déjà nuisible; enfin il en laisse une quantité encore sensible. Le balai de bouleau convient beaucoup mieux pour cette opération; pénétrant dans toutes les inégalités et concavités de la surface, il en enlève tout ce qui est mobile, et par conséquent inutile et nuisible. L'opération du balayage est trop simple pour avoir besoin d'être expliquée. Cependant il ne sera peut-être pas inutile de dire que, par un temps très-sec et sur des chaussées en gravier, on ne doit pas balayer aussi serré que sur des chaussées en calcaire : on désagrègerait ainsi beaucoup de petits matériaux de la surface. Sur ces chaussées, c'est après une petite pluie que le balayage fait le meilleur effet (1).

Une route bien balayée, si la pluie survient, ne présente pendant plusieurs jours aucune trace de boue. La surface de la chaussée est parfaitement unie et comme glacée; quelques heures de temps sec suffisent pour la sécher complétement. La poussière en effet absorbe et retient l'humidité; en parcourant une route dans cette circonstance, on peut, par le degré de siccité des

(1).......... Le procédé de balayage employé sans ménagement occasionne une grande déperdition de matériaux. Au lieu de contribuer efficacement au bon état des routes, il les appauvrit en leur enlevant une partie encore utile de leur substance.

Enfin, les répandages généraux proscrits en principe et à juste titre, peuvent dans quelques cas donner lieu à une exception bien motivée. L'état de la chaussée peut être tel sur un point qu'il ne soit pas possible de rétablir son profil normal sans la recharger snr une grande longueur et sur la totalité de sa largeur. Dans ce cas, une dérogation à la règle générale est parfaitement justifiée, sauf à atténuer l'inconvénient du répandage complet par l'emploi du rouleau compresseur qui, facilitant la prise immédiate des matériaux, épargne au roulage une sujétion pénible et dispendieuse. (Extrait de la circulaire du sous-secrétaire d'Etat des travaux publics aux inspecteurs divisionnaires, en date d'avril et août 1845).

diverses parties, retrouver l'ordre dans lequel elles avaient été balayées avant la pluie.

2° Boue. — Mais, si l'humidité continue, la chaussée devient d'abord grasse, puis se recouvre de boue dont la couche va en s'épaississant; il faut alors l'enlever promptement, parce que la boue rend le frayé des voitures très-apparent, et, comme ce frayé est plus roulant que le reste de la chaussée, les voitures cherchent et parviennent à le suivre, maintenues qu'elles sont par les deux bourrelets latéraux; on aurait donc bientôt des ornières. Mais si on a le soin d'enlever la boue au racloir au fur et à mesure qu'elle se forme, les voitures continuent à marcher dans tous les sens. La chaussée, quoique plus tendre, quoique plus facile à entamer, reste cependant unie. Chaque voiture laisse bien une impression visible, mais il serait impossible à la voiture suivante de s'y placer exactement; ainsi le milieu de la bande va passer là où était tout à l'heure le bord de la précédente, et remettre à leur place les molécules qui tendaient à se soulever. Il n'y a point de dégradation ou de déformation par la pluie comme par la sécheresse; il n'y a que de l'usure.

Je viens de dire que la boue devait être enlevée au racloir; c'est l'outil le plus avantageux lorsqu'elle est grasse; mais, lorsqu'elle est liquide, le balai réussit parfaitement. Quoi qu'il en soit, jamais la boue ne peut s'enlever aussi exactement que la poussière. Ainsi, lorsque le temps sec succède à la pluie, on a quelquefois un peu de poussière là où on n'avait pas de boue, tandis qu'on n'a jamais de boue là où on n'avait pas de poussière.

Avec l'enlèvement continuel de la poussière et de la boue, la chaussée peut être maintenue toujours unie, toujours roulante; mais elle s'aplatit, se creuse, et on atteindrait le fond de l'encaissement, si on ne remplaçait pas le détritus enlevé : c'est le but de la seconde opération de l'entretien, l'emploi des matériaux.

Emploi des matériaux. — L'emploi des matériaux est une opération nécessaire, essentielle même, mais elle n'a pas le même caractère d'urgence que l'opération du balayage : la chaussée s'use en effet fort lentement, et il est indifférent que, si 0,25 est son épaisseur normale, elle n'ait, à un moment donné, que 0,24, 0,23 ou 0,22 : c'est un inconvénient dont le public ne s'aperçoit pas. On peut donc choisir, pour l'emploi des matériaux, le moment le plus convenable. Sous ce rapport, les temps pluvieux ont sur les temps secs un avantage immense. Des matériaux placés dans un moment où la chaussée est dure et où le temps est sec ne se lient point et s'écrasent sans pénétrer dans la masse de l'empierrement; employés, au contraire, par les temps humides, avec le soin convenable, ils pénètrent dans la chaussée sans s'écraser, et ne gênent que peu le roulage.

Lors donc que les circonstances atmosphériques sont convenables, que des pluies fréquentes ont amolli la surface, et qu'on ne craint pas de gelée, on doit commencer l'emploi des matériaux. Le principe qui doit guider le cantonnier dans cette opération, qui rend le tirage un peu plus pénible sur certains points, c'est de ne pas créer de motif déterminant pour les voitures de suivre une direction plutôt qu'une autre; et cela est facile là où le curage et le balayage ont été faits avec soin. On ne voit point alors de ces longues dépressions, soit au milieu, soit sur les côtés de la chaussée, qui semblent demander un emploi étendu de matériaux. Une chaussée qui a subi l'enlèvement continu des détritus ne présente sur sa surface que de légères flaches (1) que la pluie rend apparentes. Ces flaches sont réparties d'une manière irrégulière à droite, à gauche et au milieu; elles indiquent l'emplacement des matériaux à employer. Ces flaches, d'une profondeur de 2 à 3 centimètres environ au milieu, et qui se réduit à rien sur les bords, doivent être piquées, dans leur contour, de manière à donner un point d'arrêt; on y place ensuite les matériaux, en les arrangeant avec soin, les plus gros au milieu, les plus fins sur les bords. Cet emploi ne doit avoir que deux ou trois mètres de longueur, un mètre à deux mètres de largeur au plus. La même opération se répète sur toutes les parties déprimées. Cependant, si

---

(1) Lorsque je dis que dans une bonne méthode d'entretien on n'a ni boue, ni poussière, ni ornière, ni frayé, ni *flache*, il ne faut pas attribuer à ces mots, excepté aux ornières et frayés, un sens rigoureux et absolu. Il y a évidemment un peu de poussière et de boue là où on les enlève; mais il n'y en a que quelques millimètres; il y a aussi des flaches, mais les plus profondes ne doivent pas avoir plus de 3 centimètres.

elles étaient en grand nombre, il ne faudrait pas les recharger toutes ainsi; il faudrait choisir les flaches les plus profondes, attendre la prise de celles-ci pour remplir les suivantes; sans cela, la gêne imposée au roulage sur cette partie de la route serait trop considérable : il vaut beaucoup mieux, dans son intérêt, la répartir sur un temps plus long. Il ne faut pas non plus l'accumuler sur un même point. Ainsi le cantonnier ne doit pas commencer l'emploi par le commencement de son canton, pour le finir à l'extrémité : il doit le commencer là où les flaches lui paraissent les plus profondes et les plus nombreuses, toujours ainsi pour terminer par les parties les moins usées.

Lorsque, sur une longueur de 40 ou 50 mètres, on a ainsi rempli les flaches avec les soins qui viennent d'être prescrits, ce serait une erreur de croire que cette partie de route est restaurée, et qu'on peut passer à une autre en l'abandonnant quelque temps. C'est la faute la plus grave, et malheureusement la plus fréquente, que commettent les cantonniers. En effet, quoique les flaches soient remplies, les matériaux y sont mobiles; ils sont aussi dérangés par les roues, par les pieds des chevaux; il faut, avec le râteau, les ramener à leur place pour qu'ils ne soient pas rencontrés isolément par les roues et écrasés inutilement. Malgré le soin mis dans la répartition des emplois pour dérouter les voitures, elles finissent quelquefois par préférer une direction dans laquelle le frayé se prononce; il faut promptement l'effacer, faire quelquefois de nouveaux emplois, enlever ou diminuer ceux qu'on reconnaîtrait mal placés, sauf à y revenir plus tard; il faut curer la boue que les matériaux font sortir de la chaussée en y pénétrant; en un mot, il faut que le cantonnier soit bien convaincu qu'il n'y a pas de partie de route qui réclame plus de soin, de vigilance et d'attention que celle où il a fait récemment un emploi de matériaux. Il doit donc y revenir sans cesse, jusqu'à ce que la prise soit faite. Ce n'est qu'alors que son opération est terminée. On est d'ailleurs largement indemnisé de tous ces soins par l'économie des matériaux qui s'incorporent dans la chaussée presque sans perte, et par les dégradations qu'on évite, dégradations dont la réparation serait bien autrement dispendieuse.

De la quantité des matériaux à employer. — On pourrait

objecter à la méthode d'emploi qu'on vient d'exposer, d'être insuffisante, en ce que le remplissage exact des flaches ne sera pas l'équivalent du détritus enlevé, et que, par conséquent, l'épaisseur de la chaussée ira toujours en diminuant. Il pourra en être ainsi, en effet, lorsque le profil demandera à être baissé; on pourra même diriger le curage de manière que les flaches s'effacent sans emploi de matériaux; mais, lorsqu'on voudra relever le niveau de la route sur certains points, rien ne sera si facile. L'expérience, en effet, apprend que, quelque temps après qu'on a fait un premier emploi des matériaux, il se représente de nouvelles flaches, qui disparaissent peu à peu par l'effet du passage des voitures et du curage, mais dont on peut profiter pour augmenter l'épaisseur de la chaussée, en y faisant de nouveaux emplois, qu'on peut renouveler ainsi cinq ou six fois dans un hiver. On est donc libre de mettre sur une partie de la chaussée à peu près ce qu'on veut de matériaux. Or, lorsque l'entretien est dans son état normal, il faut qu'il y ait une compensation exacte entre le poids de ce qu'on fait entrer dans la chaussée et le poids qu'on en retire; mais il n'est pas nécessaire que ce poids soit tout entier en matériaux; car une chaussée, même parfaite, contient encore beaucoup de détritus, qui sont essentiels pour en remplir tous les vides. Si pendant l'année on a ôté 100 mètres de détritus, soit en boue, soit en poussière, la chaussée n'a peut-être perdu que 60 mètres en matériaux. On peut donc ajouter aux matériaux qu'on emploie une certaine quantité de détritus, qui, mélangée avec eux ou les recouvrant, en facilitera la prise, évitera des cahots aux voitures et des chocs aux matériaux. L'emploi judicieux du détritus peut donc apporter une assez grande économie dans la dépense des matériaux.

D'après les détails que nous venons de donner sur les deux opérations de l'entretien, on voit que le curage n'exige que de l'assiduité et du travail, mais que l'emploi des matériaux demande de l'intelligence et de l'expérience. Les fautes y ont toujours des conséquences graves et pour l'état de la route et pour la dépense.

La méthode demande et facilite l'emploi de beaucoup de main-d'œuvre. — Une des conditions essentielles du succès de la méthode, c'est d'avoir toujours sur la route une grande quantité de main-d'œuvre à sa disposition (1). Une des difficultés qui s'opposaient à ce qu'il en fût toujours ainsi, c'est qu'on pensait qu'il y avait une différence très-grande entre l'hiver et l'été pour l'usure des routes. C'est une erreur que démontre l'enlèvement continu du détritus. Le poids qui s'enlève en poussière n'est pas moindre que celui qui s'enlève en boue. On attribuait à l'hiver toute la boue qu'on voyait sur la route, et ce n'était souvent que la poussière qu'on avait négligé d'enlever pendant l'été. Le balayage fait donc disparaître une des graves objections qu'on faisait à l'emploi permanent d'un grand nombre de cantonniers; car non-seulement il fournit un travail pour l'été, mais il diminue celui d'hiver. Il ne faut pas cependant proscrire l'emploi des aides, car en admettant (et cela n'est pas) que l'hiver n'exige pas plus de travail que l'été, il faut encore compenser la brièveté des jours par un plus grand nombre d'ouvriers. Il y a d'ailleurs des circonstances extraordinaires où la route a besoin de plus de main-d'œuvre; de longues pluies qui ont retardé le travail, des gelées et des dégels consécutifs mettent en retard l'opération du curage; il ne faut pas hésiter à fournir au cantonnier les moyens de se mettre au courant; tout retard, loin d'être une économie, serait une dépense.

Telles sont les prescriptions générales à l'aide desquelles les routes peuvent être toujours maintenues en bon état, sans boue, sans poussière, sans ornières ni frayés. Il ne faudrait pas en conclure cependant que l'ingénieur qui s'applique à les suivre n'aura jamais de dégradations à réparer. Quelque active que soit la surveillance du personnel chargé de la main-d'œuvre, comme il est fort nombreux, sujet à des mutations fréquentes, il est impossible qu'il ne se commette pas de fautes, provenant soit de négligence, soit d'inexpérience. Ces fautes amènent alors des dégradations. Quelque rares qu'elles soient, encore faut-il savoir les réparer.

Réparation des dégradations accidentelles. — Les routes ne se dégradent que parce qu'on ne cure pas assez la boue, qu'on

---

(1) La circulaire du Ministre des travaux publics en date du 21 janvier 1856, déjà citée à la page 3, a recommandé de ne pas étendre ce principe jusqu'à l'exagération et de ne l'appliquer que dans une juste mesure.

emploie mal les matériaux, ou qu'on néglige ceux qui sont mal employés. Le défaut de curage amène des ornières, comme nous l'avons expliqué plus haut. Pour les faire disparaître, le premier soin à prendre, c'est de curer la route à vif. Dans une chaussée boueuse, l'ornière n'est souvent qu'apparente, les bourrelets latéraux qui la dessinent ne sont que la boue chassée par les roues. Cette boue enlevée, on ne trouve souvent qu'un frayé insignifiant que les voitures effacent d'elles-mêmes. Un emploi de matériaux fait entre ces deux bourrelets, comme seraient disposés à le faire des cantonniers sans expérience, serait une main-d'œuvre inutile, et qui même aggraverait le mal. Il n'y aurait d'autre moyen de réparation, si elle avait été entreprise, que d'ordonner l'enlèvement des matériaux avec la boue, sauf à les séparer plus tard, si cette opération présentait quelque avantage.

Si, après le curage de la boue, il reste encore une ornière assez creuse pour que les voitures n'en sortent pas facilement, il faut y mettre des matériaux, mais seulement à fleur de la route, plutôt plus bas que plus haut, pour que rien ne guide les voitures et que les roues qui voudraient la suivre parallèlement y retombent de temps en temps. Il faut faire aussi des emplois sur les flaches de la chaussée, d'après la direction que cherchent à prendre les voitures, et au bout de quelque temps la route sera frayée en tous les sens; mais il ne faut pas se le dissimuler, cette opération demande quelque intelligence et quelque habitude. Le chef cantonnier, le piqueur, et souvent le conducteur doivent la diriger; car, si la faute a été commise par inexpérience, celui qui l'a faite ne saura pas la réparer.

La cause la plus fréquente des dégradations est le mauvais emploi des matériaux; je viens d'en citer un exemple; mais un cantonnier inexpérimenté en fait beaucoup d'autres. Ainsi, un côté de la route lui paraît plus déprimé sur 50 ou 60 mètres de longueur; il s'empresse de le recouvrir d'une couche de matériaux : toutes les voitures viennent alors passer sur l'autre côté sans changer de frayé; de là des ornières, non-seulement vis-à-vis l'emploi, mais avant et après dans la même direction. Il n'y a pas d'autre moyen de réparation que de relever la pierre mal employée, de combler les ornières comme il vient d'être dit; quant au côté plus bas, c'est par le remplissage successif des flaches, en commençant par les plus profondes, qu'il doit être relevé. Le rechargement général sur toute la largeur de la chaussée a le même inconvénient; car, s'il n'existe pas d'abord de motif de préférence pour la direction des premières voitures, elles en créent bientôt un très-déterminant, en ouvrant une ornière moins tirante, dans laquelle toutes les voitures cherchent à se placer (1).

Ce n'est pas éviter cet inconvénient que de diviser le rechargement général en bandes de 7 à 8 mètres, interrompues par des parties non rechargées. L'ornière des parties rechargées se prolonge bien vite sur celles qui ne le sont pas; les voitures, dirigées par l'ornière dont elles sortent et par celle dans laquelle elles vont entrer, se maintiennent dans le même frayé. Pour faire disparaître le mal, il n'y a pas de meilleur moyen que d'en faire disparaître la cause : il faut donc enlever au racloir tous ces rechargements, au moins tout ce qui serait encore mobile.

Des emplois bien faits donnent souvent lieu à des ornières, s'ils sont abandonnés, parce que quelques-uns d'entre eux, se liant plus facilement, disparaissent complétement, et que ceux qui restent encore apparents indiquent aux voitures une voie préférable. Réparer l'ornière comme nous l'avons dit, retrancher ou diminuer quelques emplois, rétablir l'uniformité de tirage dans toute la largeur de la chaussée, c'est le seul moyen de ramener la route à son état normal.

2° Réparations des routes.

Dans tout ce qui vient d'être dit, on a supposé la route bonne; mais malheureusement il en existe beaucoup de mauvaises, et les ingénieurs ont souvent plus à réparer qu'à entretenir. Le mal est quelquefois si grave qu'on prend souvent le parti de refaire à neuf. C'est toujours une opération très-gênante pour le public et très-dispendieuse pour le trésor. Voici en effet comment on procède ordinairement :

(1) Voir la note de la page 5.

Inconvénients du remontage des chaussées. — On démonte l'ancienne chaussée, on la passe à la claie, si elle se compose de quelques matériaux mélangés avec beaucoup de terre; on la casse, si elle ne se compose plus que des grosses pierres du fond de l'encaissement; on ajoute à ces anciens matériaux une certaine quantité de neufs pour compléter l'épaisseur qu'on veut donner à la chaussée, et on replace ensuite le tout sur une forme bien dressée. Le moindre inconvénient de ce travail est d'être fort dispendieux, il ne coûte jamais moins que 3 ou 4 francs par mètre courant; mais le plus grave, c'est d'entraver la circulation d'une manière très-gênante pour le public. On est obligé en effet de s'emparer d'abord de la chaussée pour la démonter et y faire une forme régulière, puis d'un accotement pour passer à la claie ou casser les anciens matériaux et recevoir les nouveaux; quelquefois même ces travaux empiètent sur le second accotement, et on ne laisse aux voitures que le passage d'une voie; ce passage y amène à la moindre pluie de profondes ornières dans lesquelles on engloutit en vain beaucoup de pierres; les voitures ne vont plus qu'au pas; elles sont obligées de s'attendre pour se croiser, et quelquefois des accidents graves arrivent. Enfin, si on est surpris par la mauvaise saison avant d'avoir achevé, la circulation est complétement interrompue pendant plusieurs mois. Et cela se passe ordinairement sur d'anciennes routes où il existe depuis longtemps des relations nombreuses et régulières. Que de dommages pour le public, qui regrette avec raison sa mauvaise chaussée et qui la regrette encore lorsqu'on lui livre ce massif de $0^m,25$ à $0^m,30$ de pierres cassées que le roulage doit écraser et broyer longtemps encore avant d'avoir une surface aussi roulante que celle qui existait. Si la route, qu'on veut réparer par cette méthode, est un peu longue, et que les allocations annuelles ne permettent d'achever le travail que dans quatre ou cinq ans, il en résulte que, pendant cet espace de temps, la circulation pénible sur les parties récemment faites, difficile et quelquefois dangereuse sur celles en construction, est soumise d'ailleurs à des interruptions continuelles. Il n'y a de viable que les parties auxquelles on n'a pas touché. Ainsi dans ce système l'amélioration ne commence réellement que lorsque le travail est complétement terminé.

Ce sont ces inconvénients qui ont déterminé à employer d'autres méthodes dont le succès est aujourd'hui sanctionné par l'expérience.

Réparation des chaussées en mauvais état. — Lorsqu'on veut restaurer une chaussée, il faut d'abord y faire faire quelques coupures qui apprennent de quelles couches elle se compose ; il n'est pas rare en effet de trouver des épaisseurs considérables là où on ne les soupçonnait pas. Cela arrive ordinairement dans les parties de niveau, dans les bas-fonds ; la chaussée s'y est successivement épaissie sous l'influence d'un système d'entretien dans lequel l'emploi des matériaux était considéré plutôt comme une réparation que comme une restitution d'épaisseur. Plus la chaussée était mauvaise, plus on y mettait de matériaux. Il en est résulté des épaisseurs considérables de pierres et de terre qui se laissent facilement couper à la moindre pluie.

Dans ce cas il faut multiplier immédiatement la main-d'œuvre, faire enlever tout ce qui est mobile sur la chaussée, y eût-il même beaucoup de pierres mêlées à ce détritus. On arrive ainsi à une couche un peu plus fixe ; la pression des voitures en fait continuellement sortir soit de la poussière, soit de la boue en grande quantité : on les enlève au fur et mesure qu'elles paraissent, on pique les parties saillantes, et la chaussée descend ainsi parallèlement à elle-même en s'assainissant. Mais si le profil est trop plat, s'il n'a même que le bombement convenable, on remplit les flaches nombreuses qui se forment, avec des matériaux ; ces emplois contribuent puissamment à l'amélioration de la surface ; ils sont même plus faciles et gênent moins le roulage que sur une bonne chaussée, parce qu'ils y pénètrent plus facilement. Au bout de quelque temps de ces soins continus, la surface de la chaussée devient dure, unie et roulante. Si on veut se rendre compte alors de ce qui s'est passé, qu'on fasse de nouvelles coupures, et on reconnaîtra qu'on a obtenu seulement une couche de 5 à 6 centimètres parfaitement saine, reposant sur l'ancien massif de chaussée. Or cette couche peut suffire, car c'est d'elle seule que les voitures se servent ; avec un bon système d'entretien, les dégradations ne descendent jamais plus bas. On est libre d'ailleurs d'augmenter peu à peu cette épaisseur par les emplois de l'hiver.

La même méthode de réparation convient également aux chaussées usées. Par le remplissage des trous et des flaches, on arrive bien vite à leur donner l'épaisseur suffisante; on y arriverait sur le terrain naturel, à plus forte raison sur une chaussée. Cette méthode a l'avantage de proportionner l'épaisseur à la qualité du terrain; ainsi là où les trous sont plus fréquents, où la chaussée s'enfonce, il se fait naturellement un plus grand emploi de matériaux et la chaussée prend plus d'épaisseur.

C'est lorsqu'il ne reste plus des anciennes chaussées que la fondation de grosses pierres, qu'on est le plus disposé à proposer une reconstruction. On est convaincu que tout emploi de petits matériaux est complétement inutile; on croit que la pierre va se trouver entre l'enclume et le marteau : cela est vrai pour une pierre isolée, mais cela cesse de l'être pour un grand nombre encastré dans les irrégularités de la chaussée. Il n'y a rien, en effet, de si inégal, de si raboteux que ces chaussées, lorsqu'elles ont servi quelque temps à la circulation : or, ces inégalités sont très-favorables à la liaison des menus matériaux. Au lieu donc d'arracher l'ancienne chaussée, il faut se borner à casser sur place les pierres les plus saillantes, qui dépasseraient l'épaisseur de la couche qu'on veut obtenir; on fait ensuite, par un temps humide, des emplois de matériaux dans les flaches nombreuses de la chaussée, avec les soins prescrits plus haut : ces matériaux se lient parfaitement, et la chaussée s'unit graduellement sans causer la moindre gêne au roulage.

L'avantage de ces méthodes, c'est que l'amélioration est générale, immédiate et progressive; c'est-à-dire que, dès que le travail est commencé, la chaussée va en s'améliorant dans toute sa longueur, sans jamais passer à un état pire pour devenir meilleure; c'est que la réparation n'impose aucune gêne au public; c'est que le travail se fait de la manière la plus économique, puisque non-seulement on n'a pas à détruire ce qui est fait, mais qu'on en profite. Il ne faut donc avoir recours à la reconstruction des chaussées que dans le cas où on veut modifier le profil en long par des déblais et des remblais.

Du bombement et de la largeur des chaussées. — Je n'entrerai pas ici dans les détails de la construction des chaussées; cependant je dirai un mot des conditions qui sont les plus favorables à l'entretien. Puisqu'avec des soins continus, on est maître d'empêcher que les dégradations ne descendent jamais au delà de quelques centimètres, il s'ensuit que ces grandes épaisseurs de chaussées qu'on construisait autrefois sont complétement inutiles; il est bien préférable de mettre la même quantité de pierres en largeur qu'en épaisseur. On donne une voie plus large à la circulation; on favorise le changement de frayé, et on diminue ces accotements boueux dont l'entretien est presque impossible. Il faut renoncer aussi à ces bombements exagérés destinés à faire écouler les eaux : elles ne restent jamais sur une surface unie. Moins la chaussée est bombée, plus les voitures la parcourent dans tous les sens, et plus on évite ainsi la formation des ornières.

Résumé.

La méthode d'entretien et de réparation des chaussées d'empierrement que je viens d'exposer peut se résumer par les prescriptions suivantes :

Pour n'avoir point de boue, pour n'avoir point de poussière sur les routes, il faut enlever la boue ou la poussière à mesure qu'elle se forme.

Pour n'avoir point d'ornière, c'est-à-dire pour que les voitures ne passent pas toujours dans la même direction, il faut qu'elles puissent passer sur toutes les parties de la chaussée.

Pour que les chaussées ne s'abaissent ni ne s'élèvent, il faut leur rendre, par les emplois de matériaux, l'équivalent, ni plus ni moins, de ce qu'on leur a enlevé par le curage.

Ces principes sont si simples, si évidents par eux-mêmes, que dans toute autre question il suffirait de les énoncer. Les explications que j'ai données, les détails minutieux dans lesquels je suis entré, ne se justifient que par l'importance de la question de l'amélioration des routes, et des résultats que cette amélioration doit procurer au public.

C'est surtout au zèle, au dévouement et à l'activité de MM. les Ingénieurs que je confie l'application des règles que je viens de tracer; mais je vous prie, Monsieur le Préfet, de vouloir bien en surveiller l'exécution, et surtout de vous faire rendre compte des résultats obtenus. La bonne viabilité des routes est aujourd'hui l'un des premiers besoins de la société : tant que leur état excitera des plaintes, on pourra dire que l'un des buts principaux de l'institution du corps des ponts et chaussées n'est pas atteint. Je désire que MM. les Ingénieurs soient bien pénétrés de cette importante vérité. Déjà, sur une grande partie du territoire, les saines méthodes d'entretien sont mises en pratique, et je me fais un devoir de remercier ici particulièrement MM. les Ingénieurs qui se sont dévoués à ce genre d'occupations; mais il est encore des arrondissements où ce qui concerne l'entretien des routes n'est pas l'objet d'une attention assez soutenue. Sans doute il est des travaux plus brillants, mais il n'en est pas qui, lorsqu'ils seront faits avec le soin et la suite qu'ils exigent, puissent assurer au plus haut degré à MM. les Ingénieurs l'estime et la reconnaissance du pays. L'administration a les yeux constamment ouverts sur cette partie du service : elle tiendra compte à chacun de ses efforts et de ses succès. Je vous prie, Monsieur le Préfet, de vouloir bien, à cet égard, me donner des renseignements précis, qui donneront à l'administration les moyens de distribuer avec justice les témoignages de satisfaction et les récompenses qui seront mérités.

Veuillez m'accuser réception de la présente circulaire, dont j'adresse ampliation à MM. les Ingénieurs, et recevoir l'expression de ma considération la plus distinguée.

Le Conseiller d'Etat,

Directeur général des ponts et chaussées et des mines,

Signé LEGRAND.

Circulaire du Ministre des Travaux publics aux Préfets.

Paris, le 9 août 1850.

PLANTATIONS DES ROUTES.

INSTRUCTIONS.

Monsieur le Préfet,

La plantation des routes a toujours occupé une place importante dans la législation qui régit le domaine de la grande voirie; mais on peut voir que, dans l'origine, les conditions en ont été déterminées sous l'influence des règles alors en usage pour l'entretien des chaussées. Aux diverses époques où les anciens règlements l'ont prescrite comme une mesure dont il était nécessaire de généraliser et d'étendre l'application, l'art de construire et d'entretenir les routes était encore très-imparfait : on ignorait toutes les ressources qu'il était possible de trouver dans les soins de la main-d'œuvre, les moyens de combattre les effets de la pluie et de l'humidité étaient complétement négligés, et on ne connaissait pas d'autre procédé pour empêcher la dégradation des chaussées, que d'y ouvrir un large accès à l'air et au soleil : aussi était-il ordonné que les grandes routes auraient 72 pieds de largeur, y compris deux fossés, et fixait-on en outre l'alignement des arbres à 6 pieds des limites extérieures de ces mêmes fossés. Ce système a eu deux graves inconvénients : l'un, d'enlever à l'agriculture des terrains dont elle aurait su tirer un utile parti, et l'autre, d'imposer à tous les propriétaires riverains, sans distinction de lieux, une servitude qui pouvait leur être très-onéreuse.

Au commencement de ce siècle, on a eu la pensée de modifier les anciens règlements en ce qui concerne la plantation des routes. La loi du 9 ventôse an XIII a décidé qu'à l'avenir les plantations seraient opérées sur le sol même de la voie publique par les propriétaires riverains, qui conserveraient le droit de les vendre plus tard à leur profit ; mais la science de l'entretien des chaussées n'avait pas encore fait assez de progrès : elle n'était pas prête à laisser répandre, sans dommage pour les routes, l'ombre que les arbres ainsi placés allaient y projeter ; on s'est inquiété des difficultés qui commençaient à naître, et cinq ans plus tard, le décret du 16 décembre 1811 a remis l'ancien mode en vigueur, en obligeant les propriétaires riverains à planter sur leurs propres fonds à un mètre au moins du bord extérieur des fossés.

Tel est encore l'état de la législation.

Mais aujourd'hui, Monsieur le Préfet, après des expériences qui ont duré pendant un grand nombre d'années et qui sont devenues décisives, l'Administration a mis en pratique des procédés d'entretien qui reposent sur des principes tout à fait opposés à ceux que l'on suivait encore en 1811. Il est reconnu que l'ombre, et, dans certaines limites, l'humidité même, ne sont pas des éléments de détérioration ; qu'elles facilitent au contraire le travail de la main-d'œuvre, et contribuent ainsi à conserver les chaussées en bon état de viabilité, sans aucun accroissement de dépenses. Les avantages de ces nouveaux procédés sont constatés tous les jours ; ils démentent la théorie qui disputait le sol des routes aux plantations et les tenait éloignées à une distance déterminée du bord des fossés. Non-seulement les arbres plantés sur les routes rempliront le même office que les arbres plantés sur les fonds riverains ; ils y seront même souvent d'une plus grande utilité ; ils procureront de plus ce double résultat d'employer le sol des routes comme sol forestier et d'atténuer la servitude qui pèse sur les propriétaires riverains.

L'Administration n'a plus maintenant les mêmes raisons de tenir au droit que lui donne le décret du 16 décembre 1811, toutes les fois que les routes sont assez larges pour recevoir une plantation régulière et que la circulation peut s'y continuer avec la même facilité.

Il y déjà quelque temps que cette question est en discussion : elle a été soumise en 1845 à une sorte d'enquête ; les conseils généraux des départements ont été appelés à l'examiner, et plus tard, en 1847, une proposition a été soumise à la Chambre des Pairs.

Le moment est donc venu d'adopter une solution.

Il faut remarquer d'abord que le décret du 16 décembre 1811, qui impose aux propriétaires riverains l'obligation de faire des plantations sur leurs propres fonds, laisse parfaitement à l'Administration la faculté de faire planter des arbres sur le sol des routes; il crée une servitude dont l'Administration est libre de réclamer ou de ne pas exiger l'exercice. Il n'y a donc aucun obstacle légal à l'application du nouveau système, qui tend à concilier les besoins du service public avec les ménagements qui sont dus à la propriété.

Après un mûr examen, j'ai reconnu qu'il y a lieu d'adopter les dispositions suivantes :

Pour toutes les routes qui ont au moins dix mètres de largeur, les plantations seront établies, à l'avenir, sur le sol même du domaine public.

Ces plantations consisteront en une rangée d'arbres de chaque côté sur les routes de dix à seize mètres, et en deux rangées d'arbres sur les routes qui ont seize mètres et plus.

Elles se composeront d'essences appropriées au sol et au climat et autant que possible propres à donner un produit, telles que l'orme, le peuplier et le mûrier.

Il conviendra le plus souvent de faire alterner les essences de prompte venue avec celles dont la croissance est plus lente.

La distance d'un arbre à l'autre, dans chaque rangée, sera généralement de 10 mètres; l'intervalle entre deux rangées formant contre-allée devra être au moins de 3 mètres. Les arbres seront plantés en quinconce.

Conformément aux prescriptions de l'article 671 du Code civil, les arbres à planter sur les routes seront tenus à la distance de 2 mètres de la ligne qui sépare le domaine public et les fonds riverains.

Ainsi que je l'ai déjà expliqué, ce système de plantation ne pourra être adopté que lorsqu'il ne devra en résulter aucun inconvénient pour les routes. Il ne faudra donc pas l'appliquer aux parties de route qui n'ont pas 10 mètres de largeur, aux traverses des villes et des villages, aux fonds trop encaissés ou trop bas et trop humides, enfin, aux cas où une exception sera jugée nécessaire.

Les routes que les riverains ont déjà bordées d'arbres, en exécution du décret du 16 décembre 1811, n'en seront pas moins, si elles ont 10 mètres de largeur, plantées sur leur sol même, sauf les points où elles se trouveront dans les circonstances exceptionnelles qui viennent d'être indiquées.

Aucune plantation ne pourra, d'ailleurs, être exécutée sur le sol du domaine public que d'après un projet approuvé par l'Administration et au moyen d'un crédit ouvert pour le payement de la dépense.

Ces dispositions nouvelles ne rendent point nécessaire l'abrogation du décret de 1811.

Ce décret donne à l'État le droit d'exiger des riverains qu'ils plantent sur leurs propriétés.

Toutes les fois qu'il plantera lui-même sur le sol de ses routes, l'État n'usera pas de ce droit; mais toutes les fois qu'il ne plantera pas lui-même, soit parce que les routes n'auraient pas 10 mètres, soit parce qu'elles seraient dans une des circonstances exceptionnelles qui viennent d'être mentionnées, l'État pourra user de ce droit et exiger des riverains qu'ils effectuent les plantations. Le décret de 1811 doit donc être maintenu.

Toutefois, Monsieur le Préfet, je désire que l'État n'use de ses prérogatives que dans le cas d'une nécessité absolue. Ainsi que je l'ai déjà fait remarquer, l'obligation imposée aux propriétaires riverains constituent pour eux une servitude : il est de principe que les servitudes doivent être exercées avec les plus grands ménagements, et ce devoir est encore plus impérieux lorsqu'il s'agit d'une servitude légale que la propriété privée est forcée de subir pour cause d'utilité publique.

Mon intention est que l'Administration se rende compte elle-même des motifs pour lesquels l'exécution du décret de 1811 sera réclamée des propriétaires riverains, et je vous invite à me soumettre, avant toute notification, les arrêtés que vous croirez devoir prendre de concert avec MM. les Ingénieurs pour enjoindre aux propriétaires de planter sur leurs propriétés. Ces arrêtés ne pourront être mis à exécution qu'après avoir été revêtus de mon approbation. Ils devront être accompagnés de tous les renseignements nécessaires pour éclairer l'examen de l'Administration, et démontrer que le recours à l'exercice de la servitude légale est inévitable.

Après vous avoir entretenu des plantations qui sont d'utilité publique, je dois appeler votre attention sur celles que les propriétaires, sans en être requis, voudront exécuter sur leurs fonds dans des vues d'agrément ou d'intérêt personnel. Ces dernières plantations resteront régies par le droit commun. Ainsi, soit que l'Administration ait déjà fait planter sur le sol de la route, soit qu'elle n'ait pas encore réalisé son projet, tout riverain conservera la faculté de planter lui-même en observant la distance prescrite par l'article 671 du Code civil.

Je vous prie, Monsieur le Préfet, de vous concerter avec M. l'Ingénieur en chef pour me proposer, le plus promptement possible, les mesures nécessaires pour l'exécution des instructions que je vous transmets aujourd'hui. Il ne s'agit pas de produire immédiatement un travail d'ensemble pour toute l'étendue de votre département; vous devez, au contraire, diviser vos propositions, en commençant par les routes ou portions de routes qui vous paraîtront placées dans les meilleures conditions pour recevoir des plantations. En fractionnant ainsi l'opération, l'Administration trouvera plus facilement les moyens de pourvoir à la dépense.

Je vous prie de m'accuser réception de la présente circulaire dont j'adresse une ampliation à M. l'Ingénieur en chef.

Recevez, Monsieur le Préfet, l'assurance de ma considération la plus distinguée.

Le Ministre des travaux publics,

Signé BINEAU.

Circulaire du Ministre des Travaux publics aux Préfets.

Paris, le 17 juin 1851.

ROUTES. — PLANTATIONS.

ENVOI D'UN MODÈLE DE DEVIS ET D'INSTRUCTIONS.

MONSIEUR LE PRÉFET,

J'ai l'honneur de vous adresser un devis général pour les plantations à effectuer sur les routes nationales, en exécution de la circulaire du 9 août 1850, ainsi qu'une instruction sur le même objet.

Je vais compléter ici cette instruction par quelques explications sur divers points traités dans la circulaire précitée, et qui ont soulevé des doutes dans l'esprit de plusieurs chefs de service.

D'après cette circulaire, toutes les fois que l'Etat plante lui-même sur le sol de ses routes, il ne doit pas user du droit que le décret du 16 décembre 1811 lui confère d'exiger des riverains qu'ils fassent des plantations sur leurs propriétés; mais toutes les fois qu'il ne plante pas lui-même, soit parce que les routes n'ont pas dix mètres, soit parce qu'elles sont dans une des circonstances particulières indiquées dans la circulaire, l'Etat peut exiger des riverains qu'ils effectuent les plantations.

On s'est demandé s'il suffit qu'une route soit au nombre de celles que l'Etat se propose de planter lui-même pour que l'on doive renoncer dès aujourd'hui, sur cette route, à l'application des articles du décret de 1811 qui concernent l'*entretien* des plantations déjà existantes sur le sol riverain.

Cette question, Monsieur le Préfet, doit être résolue négativement. L'Administration a décidé, *en principe*, qu'elle planterait les routes qui satisfont à certaines conditions qu'elle a définies. Mais l'exécution n'aura lieu que dans la limite des crédits que le budget permettra d'y consacrer, et exigera, sans doute, un temps considérable. En attendant, il n'est pas possible que les plantations régulières qui existent déjà le long de ces routes soient abandonnées; elles ne tarderaient pas à disparaître, si l'on cessait de tenir la main aux dispositions réglementaires qui se rapportent à leur entretien. Il faut donc que, jusqu'à l'époque où l'Administration se trouvera en mesure d'effectuer la nouvelle plantation, les propriétaires riverains restent assujettis, en ce qui concerne l'ancienne plantation, à l'application du décret du 16 décembre 1811 (articles 93, 96, 97, 99, 101, 102 et 105).

Cependant, il peut arriver que l'Administration soit amenée, dans quelques circonstances, à se départir de cette règle, lorsque, par exemple, elle aura la certitude de pouvoir affecter très-prochainement des fonds à la plantation d'une portion de route déjà bordée d'arbres. On pourra, dans ce cas, ne pas exiger l'exécution rigoureuse des règlements en ce qui touche l'abatage et le remplacement des arbres appartenant aux propriétaires riverains; mais on ne devra user de cette tolérance qu'avec l'autorisation de l'Administration supérieure.

D'un autre côté, lorsque les plantations aux frais de l'Etat devront se faire longtemps attendre, et que cependant les propriétaires attacheront beaucoup d'importance à s'affranchir immédiatement de la servitude qui pèse sur eux, ils en auront le moyen en offrant de supporter, au droit de leurs fonds respectifs, les frais de la nouvelle plantation, dont ils abandonneraient la propriété à l'Etat, ainsi que cela s'est déja pratiqué dans un certain nombre de départements.

Quant aux riverains des routes que l'Etat ne se propose pas de planter lui-même, il doit être bien entendu qu'ils restent soumis à l'obligation d'entretenir les lignes d'arbres qui ont déjà été établies sur leurs terrains, en vertu du décret du 16 décembre 1811.

Il est également bien entendu, Monsieur le Préfet, que les mesures à prendre pour assurer l'entretien des anciennes plantations n'ont pas besoin d'être soumises à mon approbation; mais il en est autrement de celles qui auraient pour objet d'exiger des plantations nouvelles sur des routes ou portions de routes où le décret du 16 décembre 1811 n'a pas encore été mis à exécution. Là, non-seulement il est nécessaire (comme le prescrit l'article 91 de ce décret) qu'aucune disposition ne soit prise sans mon approbation préalable, mais, de plus, le projet d'arrêté préfectoral doit être accompagné, conformément à la circulaire du 9 août 1850, de tous les renseignements qui peuvent éclairer l'Administration sur la nécessité de recourir à l'exercice de la servitude légale.

Il ne vous échappera pas que le modèle de devis et l'instruction ci-annexés ne s'appliquent qu'à l'établissement des plantations. J'aurai l'honneur de vous faire parvenir ultérieurement, ainsi qu'à MM. les ingénieurs, des instructions spéciales pour leur entretien.

Veuillez m'accuser réception de la présente circulaire, dont j'adresse une ampliation à MM. les ingénieurs en chef et d'arrondissement.

Recevez, Monsieur le Préfet, l'assurance de ma considération la plus distinguée.

Le Ministre des travaux publics,

Signé : MAGNE.

INSTRUCTIONS POUR LES PLANTATIONS A FAIRE SUR LES ROUTES.

Une circulaire du 9 août 1850 a déjà fait connaître les intentions de l'Administration au sujet des plantations d'arbres à exécuter sur le sol des routes nationales. Conformément à la demande qui leur en a été faite dans cette circulaire, les ingénieurs des départements ont envoyé des propositions pour la plantation de quelques-unes de leurs routes, et il y a été donné suite dans la mesure des ressources dont l'Administration pouvait disposer. Mais, pour continuer l'œuvre entreprise, il a paru nécessaire d'arrêter un modèle de devis ou de cahier des charges qui, tout en laissant pleine latitude pour certaines dispositions qui peuvent varier dans les différentes localités, renfermerait les conditions générales applicables à toutes les adjudications.

Ce devis général a été préparé, mais il n'a pas été possible d'y comprendre toutes les prescriptions ou recommandations que la matière comporte et qui sont nécessaires pour arriver, dans le détail des opérations, à l'unité désirable. La présente instruction a pour objet de compléter, à ce point de vue, les renseignements dont les ingénieurs ont besoin, tant pour la rédaction des projets que pour l'exécution des travaux. On y suivra le même ordre que dans le cahier des charges lui-même.

Indication générale des travaux à exécuter.

Le devis arrêté par l'Administration, et les adjudications auxquelles il doit servir de base, se rapportent seulement aux *travaux neufs*, c'est-à-dire aux plantations à faire sur les routes qui en sont dépourvues, et à l'entretien de ces plantations jusqu'à leur réception définitive.

Quant aux travaux d'entretien proprement dits, qui ont pour objet la conservation et la bonne venue des plantations, après que l'Etat les a prises à sa charge, et qui, si l'on excepte un petit nombre de départements, n'ont aujourd'hui qu'une faible importance, ils devront être l'objet d'adjudications distinctes, sous forme de *baux*, pour lesquels il sera dressé ultérieurement un modèle particulier.

Désignation des routes à planter ; dispositions générales à suivre ; tracé des lignes d'arbres.

Quelles routes doivent être plantées par l'État. — La circulaire du 9 août 1850 a établi les principales règles à suivre, en disposant que, « pour toutes les routes qui ont au moins 10 mètres » de largeur, les plantations seront faites à l'avenir sur le sol même » du domaine public ;

» Que ces plantations consisteront en une rangée d'arbres, de » chaque côté, sur les routes de 10 à 16 mètres, et en deux ran- » gées d'arbres sur les routes qui ont 16 mètres ou plus.

» Que l'intervalle entre deux rangées formant contre-allée devra » être au moins de 3 mètres ;

» Et que les arbres seront tenus à la distance de 2 mètres de » la ligne qui sépare le domaine public et les fonds riverains. »

Ainsi, ce système de plantation n'est pas applicable aux routes qui ont moins de 10 mètres de largeur; il ne l'est pas non plus, d'après la même circulaire, à certaines parties de route qui se trouvent dans des cas particuliers : telles que les traverses des villes et des villages.

Cependant, plusieurs ingénieurs en chef ont exprimé l'opinion qu'il y aurait lieu de planter certaines routes dont la largeur ne dépasse pas 8 ou 9 mètres, ou des traverses de villes et de villages, et ils s'appuient sur des motifs d'exception qui méritent d'être examinés : ainsi ils font observer que, dans les pays de montagne, il peut être avantageux de garnir d'arbres, au moins du côté de l'escarpement, des routes peu larges, afin de diminuer les chances d'accidents. Dans certains départements du Midi, où les routes ont pour ennemis principaux la sécheresse et les ouragans, et où les plantations d'arbres sont, en conséquence, plus utiles, on propose, à raison de cette utilité évidente, de descendre parfois au-dessous de la limite de 10 mètres ; enfin, plusieurs traverses ou portions de traverses, qui offrent une très-grande largeur, paraissent être dans le cas de recevoir des plantations. Dans de semblables circonstances, quelques exceptions pourront être admises quand elles auront été bien justifiées dans des rapports spéciaux ; mais, avant tout, il faut planter les routes qui se trouvent dans les conditions normales.

Quelles positions les rangées d'arbres doivent occuper sur la route. — Les rangées d'arbres doivent être parallèles à l'axe de la route; mais quelle position doivent-elles occuper par rapport à cet axe et à l'arête extérieure des accotements ? Cette question ne comporte pas une solution précise ; cependant il y a lieu de poser quelques principes.

Ainsi, il faut éviter d'établir les arbres sur l'arête même des fossés ou des talus, ou trop près de cette arète, même quand les fossés ont deux mètres de largeur : car, d'abord, les arbres ainsi placés ont une assiette moins solide et peuvent céder plus facilement aux efforts des vents et aux autres causes d'ébranlement, puis les racines se répandent dans les fossés et sur les talus. Enfin, comme le fossé est quelquefois remplacé par un talus dont la base a une largeur moindre, on court alors le risque d'être trop près de la propriété riveraine. En conséquence, on s'imposera le plus souvent (non pas comme règle absolue, mais comme disposition très-convenable) l'obligation de laisser $0^{m},50^{c}$ d'intervalle entre l'arète des accotements et la ligne d'arbres la plus voisine.

Quant à l'intervalle à ménager entre l'axe de la route et les arbres, il y a lieu d'adopter également un minimum, qui ne paraît pas devoir être inférieur à $4^{m},50$, et qui laisse une largeur de 9 mètres disponible pour la circulation.

Ces deux minimums fixent exactement la position des lignes d'arbres pour les routes de 10 mètres de largeur et pour celles de 16 mètres. Sur ces dernières, l'une des lignes de chaque contre-allée étant, comme il vient d'être dit, à $0^{m},50$ du fossé et l'autre à $4^{m},50$ de l'axe de la route, il reste 3 mètres pour la largeur des contre-allées, conformément à la circulaire du 9 août 1850.

Mais quand la largeur de la route est comprise entre 10 mètres et 16 mètres, ou dépasse 16 mètres, le problème reste indéterminé, et le tracé des lignes pourra varier entre les limites indiquées.

Seulement MM. les ingénieurs voudront bien remarquer qu'il importe de gêner le moins possible la circulation et d'éloigner les arbres des voitures; en conséquence, s'il n'y a qu'une seule ligne d'arbres sur chaque accotement, il conviendra le plus souvent de ne laisser entre elle et le fossé que la largeur minimum de $0^{m},50$, ou tout au plus la largeur d'un sentier où les piétons puissent facilement circuler. Dans le cas des doubles rangées, il faudra, si l'on peut, donner 4 ou 5 mètres de largeur aux contre-allées, mais en évitant de trop réduire la voie charretière.

Par exemple, ce sera une bonne disposition, pour une route de 14 mètres de largeur, de placer chaque ligne d'arbres à 6 mètres de l'axe de la route et à 1 mètre du fossé; pour une route de 20 mètres, d'établir les arbres extérieurs des contre-allées à $9^{m},50$ de l'axe et les arbres intérieurs à 5 mètres, ce qui donne 10 mètres de largeur à la voie principale et $4^{m},50$ à chaque contre-allée.

Dans les circonstances rares où les traverses pourront être plantées, il est nécessaire que les lignes d'arbres soient à 3 mètres *au moins* des constructions.

Solution de continuité des lignes courbes de raccordement. — La largeur d'une route est quelquefois très-variable ; si les variations sont de peu d'importance, il en résultera seulement que la distance du fossé à la ligne d'arbres la plus voisine ne sera pas constante. Il faudra, dans ce cas, avant d'arrêter le tracé, s'assurer que cette ligne se trouve partout en dedans des fossés et à la distance voulue de la propriété riveraine ; si les variations sont considérables, alors les alignements doivent être rompus ; les accidents de terrain, les traversées de villes et de villages fourniront souvent des moyens de masquer ces solutions de continuité : les coudes de la route, s'il en existe, permettent de faire mieux encore, c'est-à-dire de raccorder les alignements droits par des lignes courbes.

Dans les parties de routes qui avoisinent la limite d'un département, il importe que les ingénieurs n'arrêtent aucun alignement sans s'être concertés avec leurs collègues du département voisin. Ce concert doit avoir lieu, à plus forte raison, entre les ingénieurs ordinaires d'un même département.

Sur les routes ayant une largeur assez grande pour recevoir deux lignes d'arbres de chaque côté, la plantation des deux lignes doit se faire en même temps, parce que, dans le cas contraire, les arbres plantés les premiers feraient tort à ceux dont la plantation serait ajournée.

Observation sur la plantation des routes larges à CHAUSSÉES PAVÉES. — Les règles établies pour la plantation des routes ayant plus de 16 mètres de largeur comportent une exception importante, en ce qui concerne les routes à chaussées *pavées* ; sur ces routes, ce n'est, en général, qu'aux abords des villes qu'il convient de planter de doubles rangées d'arbres formant contre-allée. En plaine, il vaut mieux se contenter d'une seule rangée de chaque côté de la route, à moins que celle-ci ne soit assez large pour qu'on puisse y ménager deux accotements libres de 3 à 4 mètres de largeur ; autrement, les voitures n'auraient pas autant de facilité qu'elles en ont aujourd'hui pour circuler sur ces routes pendant la belle saison.

Espacement des arbres dans chaque rangée. — D'après la

circulaire du 9 août 1850, la distance d'un arbre à l'autre, dans chaque rangée, doit être *généralement* de 10 mètres ; sur beaucoup de routes, on pourra réduire de moitié cet intervalle, en ayant soin de faire alterner les arbres à croissance lente avec ceux à croissance rapide ; car, au bout d'un certain temps, l'abatage de ces derniers arbres laissera subsister une plantation régulière dont les sujets seront espacés de 10 mètres. Dans certains départements du Midi qui ont à souffrir beaucoup de la sécheresse, les arbres pourront être placés à moins de 10 mètres d'intervalle, sans qu'il soit nécessaire de faire alterner les essences.

Avec l'espacement normal de 10 mètres, il convient d'adopter d'une manière continue l'essence la plus propre au sol.

Sur les routes où il existe un bornage kilométrique bien fait, les arbres espacés de 10 mètres pourront concorder avec ce bornage et serviront alors à le compléter ; dans les départements où l'on a déjà procédé de cette manière, les arbres qui marquent les limites de chaque kilomètre et de chaque hectomètre sont d'une autre essence que le reste de la plantation.

Les alignements des arbres doivent être tracés avec le plus grand soin et vérifiés pendant et après la plantation.

Choix des essences.

Les essences à préférer dans chaque localité sont celles qui satisfont à la double condition d'être bien appropriées au sol, et de donner un bois de bonne qualité. Quelques espèces ont d'ailleurs des avantages et des inconvénients particuliers dont il faut tenir compte.

Les arbres qui doivent être recommandés sont, pour les essences dures et à croissance lente, l'orme, le frêne, le hêtre, le chêne et le châtaignier ; pour les essences tendres et hâtives, les diverses espèces de peupliers, le platane, l'érable sycomore et l'acacia.

Orme. — L'orme réussit dans la plupart des terrains, surtout quand le climat est tempéré, et son bois est excellent. C'est parmi les essences dures celle qui est le plus généralement adoptée sur les routes, et elle devra continuer à l'être. Les variétés *à petites feuilles* sont généralement préférées comme donnant des produits de meilleure qualité. Cet arbre est attaqué, depuis quelque temps, dans beaucoup d'endroits, par des insectes qui le font périr ; mais ces insectes, dont les larves cherchent leur nourriture dans la vieille écorce, n'en veulent pas aux jeunes plants et ménagent le plus souvent les arbres adultes. Ils sont donc plus à craindre pour les plantations séculaires que pour celles qu'on abat dès qu'elles sont parvenues à maturité. D'ailleurs il y a, dans chaque localité, des variétés plus particulièrement menacées : on aura soin de les rejeter.

Frêne. — Le frêne, a comme l'orme, un feuillage léger qui donne peu de couvert ; son bois est presque aussi recherché que celui de l'orme. Il croit moins lentement et acquiert d'aussi grandes dimensions. Il se plait particulièrement dans les terrains frais.

Hêtre. — Le hêtre ne convient pas à tous les pays ; mais dans les régions un peu froides, et surtout dans les montagnes, il mérite d'être plus souvent employé sur les routes qu'il ne l'a été jusqu'à présent. Il vient bien dans les terrains pierreux et secs.

Chêne. — Le chêne, dont les produits se font trop longtemps attendre et que l'on trouve rarement, d'ailleurs, dans les pépinières, est cependant une essence trop précieuse pour être exclue des routes nationales. On le plante assez fréquemment sur les grandes routes de Belgique et du nord de l'Allemagne, et il ne réussirait pas moins bien, avec des soins convenables, dans les départements de France où le climat est analogue. Il devra être admis dans les pépinières de l'Etat dont il sera parlé ci-après.

Châtaignier. — Le châtaignier a l'inconvénient d'être un arbre fruitier, ce qui lui donne, pour les grandes routes, un désavantage marqué sur les arbres précédents ; mais l'excellence de son bois, si recherché autrefois pour les constructions, ne permet pas de le rejeter. Il se plaît dans les terrains légers.

On peut aussi recommander, pour les départements du Midi, le micocoulier (*celtis australis*) indigène des montagnes de cette région, et qui mérite d'être plus employé comme arbre d'avenue qu'il ne l'a été jusqu'à présent.

Peupliers. — Quant aux essences tendres et hâtives, les peupliers de toute espèce occupent le premier rang, au moins par la rapidité de leur croissance, car ils peuvent être abattus au bout de vingt-cinq à trente ans. Ces arbres, de nature variée, sont d'un produit avantageux et viennent bien presque partout, notamment dans les lieux humides et dans les sols un peu argileux, où l'on peut les employer seuls ou les faire alterner avec les frênes.

Le peuplier d'Italie prospère même dans les terrains sablonneux, comme le prouve l'expérience faite sur une grande échelle dans le département des Landes. Sa taille élancée permet de diminuer l'espacement des sujets. Par ce dernier motif, il convient mieux que tout autre arbre pour les plantations un peu serrées qu'il y a lieu de faire quelquefois dans l'intérêt de la sûreté publique, au bord des cours d'eau, sur l'arête des grands talus de remblai, etc.

Parmi les autres espèces de peuplier, l'ipréau ou blanc de Hollande est celle qui présente le plus d'avantages. Les peupliers de la Caroline et du Canada ont des qualités analogues, mais y joignent l'inconvénient de joncher la terre de feuilles à parenchyme épais et persistant.

Platane. — Le platane salit les routes encore davantage par le rejet successif de son écorce, de ses fruits et de ses feuilles; mais cette essence se développe rapidement, est d'un beau port, fournit un bois assez recherché pour le charronnage, et n'est attaqué par aucun insecte. C'est un arbre qui prospère surtout dans les départements voisins de la Méditerranée, où il vient bien dans tous les terrains, pourvu qu'ils ne soient pas trop secs. Les ingénieurs de ces départements doivent se défendre toutefois de la tendance qu'ils ont à proposer exclusivement le platane et à négliger des essences plus précieuses.

Sycomore. — L'érable sycomore et l'érable plane sont encore de beaux arbres, peu difficiles sur les terrains, et dont le bois n'est guère inférieur à celui du platane.

Acacia. — L'acacia ou robinier réussit dans les terrains les plus ingrats, c'est là son principal mérite. Il a le défaut d'être très-cassant. Dans les mauvais terrains exposés aux vents violents, et dans les climats un peu froids, on pourra le remplacer par le bouleau.

Plusieurs catégories d'arbres, recommandables à certains égards, doivent être presque toujours exclues des plantations à faire sur les grandes routes, savoir :

1° *Arbres à fruit.* — Les arbres à fruit, tels que les noyers et les merisiers et à plus forte raison les pommiers. Ces arbres sont trop exposés à être mutilés par les passants, et la plupart projettent leurs branches trop horizontalement.

2° *Arbres résineux.*—Les arbres résineux, qui ne conviennent pas aux plantations des routes, parce qu'ils s'élargissent trop à la base et couvrent le sol, et qui sont d'ailleurs arrêtés tout court dans leur croissance verticale dès qu'ils viennent à perdre leur flèche. Cependant, dans les montagnes, on pourra admettre le melèze, qui s'étale moins que les autres, se transplante bien et donne un bois de bonne qualité.

3° *Tilleul, marronnier, etc.* — Enfin certains arbres de pur agrément et d'un mauvais produit, tels que le tilleul et le marronnier d'Inde, devront être repoussés par les ingénieurs.

Lorsqu'on renouvelle une plantation, il importe que chaque plant occupe une autre position, ou soit d'une autre essence que l'arbre qu'il est destiné à remplacer.

Provenance des arbres et conditions auxquelles ils doivent satisfaire.

Désignation des pépinières. — L'ingénieur ne peut pas laisser à l'entrepreneur le libre choix des pépinières d'où les plants doivent être tirés. Il doit désigner lui-même, dans le devis, les pépinières les mieux famées, celles où les jeunes arbres sont l'objet de soins éclairés. Il est essentiel, aussi, toutes choses égales d'ailleurs, de donner la préférence à celles où le sol a le plus d'analogie avec le terrain des routes à planter. D'un autre côté, il faut éviter, si l'on peut, de ne désigner qu'une seule pépinière; car ce serait, par le fait, anéantir la concurrence.

Dimension des plants. — La force des plants à extraire des pépinières diffère un peu selon les essences et quelquefois selon les régions. Généralement, la circonférence, mesurée à 1 mètre du collet de la racine, doit être de 12 à 16 centimètres. La hauteur du fût, depuis le collet jusqu'à la couronne, peut varier de 1^m,80 à 2^m40, et la hauteur totale de 2^m,30 à 3^m,50 suivant l'espèce des arbres et la disposition de leurs branches.

Leur âge. — Comme il peut arriver que des plants ayant les dimensions prescrites ne les aient atteintes qu'à la longue et soient des sujets mal venants, restés les derniers sur les planches, il faut ajouter à la condition de grosseur une condition d'âge. Ordinairement les peupliers bons à planter et les acacias ont de trois à cinq ans; les frênes, les hêtres, les platanes, les sycomores, de quatre à six ans; les ormes et les chênes de cinq à sept ans.

Comment doivent être disposées les racines et les branches. — Le plant doit être pourvu de racines nombreuses et garnies de chevelu. Celles qu'on aura été obligées de raccourcir, ou qui auront été écorchées ou meurtries au moment de l'extraction, devront être franchement coupées en biseau, de manière que cette coupe porte à plat sur la terre.

Il existe une relation intime entre les racines et les branches. Les premières (fussent-elles restées intactes) souffrent toujours de la transportation, et dès lors elles ne transmettent plus à l'arbre assez de nourriture pour suffire à la fois à la tige et aux ramifications. De là, la nécessité de retrancher les branches inférieures et de raccourcir les branches latérales sans trop dégarnir toutefois la cime du jeune plant.

Exclusion des sujets étêtés. — Aucun sujet étêté ne sera reçu. L'habitude d'étêter les plants est mauvaise pour les arbres de ligne et devient un obstacle au développement utile de la végétation, en arrêtant ou gênant la croissance verticale et en provoquant des pousses parasites le long du tronc.

États d'indication. — Époque où les plantations doivent être faites.

Les états d'indication pour les plantations à effectuer pendant la campagne doivent être remis à l'entrepreneur aussitôt après la notification des crédits, c'est-à-dire d'assez bonne heure pour que les travaux puissent être généralement exécutés pendant l'automne, qui est, à tous égards, la saison la plus favorable pour les plantations. Le cahier des charges prévoit aussi des plantations à faire au printemps avant le 15 mars, mais celles-ci n'auront lieu que dans des cas exceptionnels.

Le terme fixé pour les plantations d'automne est le 15 décembre, et ce terme est de rigueur, car il ne reste pas trop de temps pour constater si les travaux sont bien exécutés et pour recourir, s'il y a lieu, aux mesures indiquées dans l'article 21 des conditions générales.

Arrachage des arbres dans les pépinières et précautions à prendre entre l'arrachage et la plantation.

Déplantation. — L'arrachage des arbres à transplanter demande les plus grands soins, car c'est du bon état et de la quantité de racines que dépend principalement la réussite d'une plantation. Il est donc indispensable que cette opération soit bien surveillée.

Elle aura lieu, autant que possible, par un temps doux et humide ; il ne faut pas la faire sous l'action d'un vent desséchant. Les temps de gelée doivent être également évités. Pour procéder à l'arrachage, on fera autour de l'arbre une tranchée circulaire d'un diamètre proportionné à sa force et qui ne devra pas être inférieur à 60 centimètres. On coupera net les portions qui dépasseront cette circonférence, puis on mettra à nu, avec précaution, le collet et le surplus des racines, que l'on conservera avec tout leur chevelu et qu'on évitera de fendre, écorcher ou blesser d'une manière quelconque.

Empaillage et transport. — Les plants, après avoir été examinés, admis provisoirement et marqués par l'agent à qui ce soin aura été confié, seront préparés pour le transport comme il est dit dans le cahier des charges. L'arrachage et la replantation devront se suivre d'aussi près que possible et n'être séparés que par le temps strictement nécessaire pour la réception des arbres, l'empaillage de leurs racines et leur transport sur l'atelier. Si, pourtant, quelque raison légitime obligeait de retarder le transport, les arbres devraient être entreposés en bonne terre aussitôt après leur extraction.

Ils seront examinés de nouveau après leur arrivée sur la route, et l'on rebutera ceux qui seraient alors reconnus défectueux ou qui auraient trop souffert pendant le voyage. En attendant la plantation, il est avantageux de faire tremper les racines dans l'eau de fumier.

Ouverture des fosses.

Temps qui doit s'écouler entre l'ouverture des fosses et la plantation. — Il est d'usage d'ouvrir, plusieurs mois à l'avance, les fosses destinées à recevoir les jeunes arbres, parce qu'il est reconnu que l'action prolongée des agents atmosphériques sur les terres extraites est favorable à la végétation. Mais un si long aérage n'est pas indispensable, et il faut évidemment tenir compte du danger que l'ouverture des trous, quelque précaution qu'on prenne, peut offrir pour la sécurité publique. Les ingénieurs qui auront à fixer, dans chaque devis particulier, l'époque du creusement des fosses, chercheront à tout concilier; mais, en général, il ne paraît pas convenable de les ouvrir plus d'un mois avant la plantation, et cet intervalle pourra même être réduit à quinze jours aux abords des villes.

Dimension des fosses. — Les dimensions des trous peuvent et doivent varier avec l'essence des arbres et la nature des terrains. Quand les arbres sont très-pivotants, il convient de donner à l'excavation un mètre en tous sens; mais lorsque les racines tendent à s'étaler horizontalement, la profondeur doit être réduite à

$0^m,70$ et même à $0^m,60$, et les dimensions horizontales peuvent être portées jusqu'à $1^m,50$. Le plus communément, les fosses pourront avoir $1^m,20$ de côté ou $1^m,44$ de superficie et $0^m,70$ de profondeur, ce qui donne un cube d'un mètre environ.

Il faudra, en outre, piocher la terre au fond du trou pour l'ameublir.

Retroussement des terres autour de l'excavation — Pendant que les terres restent ouvertes, les terres qui en ont été retirées doivent former tout autour des espèces de banquettes, qui suffiront le plus souvent pour empêcher les accidents ; mais auprès des villes et sur les routes très-fréquentées, il faudra quelquefois ajouter à cette précaution celle d'éclairer les fosses pendant la nuit et même d'y placer des gardiens. Dans le cas prévu par le cahier des charges, où l'entrepreneur recevrait l'ordre de faire des dispositions semblables, il lui serait tenu compte des frais sur le montant de la somme à valoir.

Emprunts de terre végétale.

En empruntant de la terre végétale pour remplacer en partie la terre retirée des fosses, on peut faire réussir des plantations variées sur des routes où le sol naturel n'est pas de bonne qualité.

Cette terre végétale sera souvent fournie par les fosses ou les accotements de la route, d'où elle devra être extraite par les cantonniers. Quelquefois la nécessité de cet amendement ne sera reconnue qu'en cours d'exécution. Par ces motifs, le cahier des charges réserve à l'Administration le soin de faire faire, par ses cantonniers ou par des tâcherons, les approvisionnements de terre végétale qui seront déposés à pied d'œuvre avant l'époque fixée pour la plantation, et que l'entrepreneur sera tenu d'employer comme si elle eût été retirée des fosses. C'est là la règle ordinaire, mais il sera loisible aux ingénieurs d'adopter d'autres combinaisons que les circonstances leur feraient juger préférables ; par exemple, de comprendre la fourniture dont il s'agit dans le prix de la plantation.

Plantation des arbres et remplissage des fosses.

Nécessité de rafraîchir les racines. — Le premier soin qu'il faut avoir avant de procéder à la plantation est de rafraîchir les racines en recepant leurs extrémités et en supprimant toutes les parties meurtries ou desséchées. Le chevelu doit être également rafraichi, et s'il était trop sec, il faudrait le couper entièrement ou rebuter l'arbre.

Main-d'œuvre de la plantation. — La main-d'œuvre de la plantation proprement dite est indiquée avec détail dans le cahier des charges. Elle a pour objet principal de mettre en contact, avec les racines du jeune plant, la terre de la couche supérieure, qui est la plus meuble et la plus riche en principes nutritifs.

Il est avantageux de former au fond du trou un lit serré de gazons morcelés et placés racines en l'air.

Au lieu de faire couler entre les racines de l'arbre, avec la pelle et les mains, de la terre réduite en poudre fine, on se contente quelquefois de soulever la tige en la secouant légèrement; mais cette méthode a l'inconvénient de déranger de leur position naturelle les racines trop faibles.

Les jeunes arbres doivent être plantés de manière à se trouver, après le tassement de la terre, à peu près à la même profondeur que dans la pépinière. Il y a de l'inconvénient à trop enterrer les racines.

Arrosage. — L'arrosage, sans être indispensable pour le succès de la plantation, est utile et doit être recommandé. Il devra même, si l'eau se trouve à proximité, être formellement exigé par le devis.

Dans les fonds argileux, il faut empêcher, autant que possible, que l'eau ne soit retenue dans les parois de l'excavation. On pourrait alors (si cela n'entrainait pas trop de frais) recourir à une espèce de drainage, c'est-à-dire fournir aux eaux un moyen d'écoulement vers les talus ou les fossés de la route, soit par un tuyau, soit par un petit empierrement; mais ce moyen n'est complétement efficace que lorsque la route est fortement en remblai ou bordée d'un fossé profond:

Épinage et tuteurs. — Chasse-Roues.

Garniture d'épines. — La garniture d'épines sera toujours exigée, parce que les jeunes plants ont à se défendre partout contre la main des hommes ou contre la dent des animaux. On pourra se procurer de l'aubépine dans presque tous les départements; à défaut de cette espèce, qui est la meilleure, on emploiera l'églantier ou d'autres arbustes épineux.

Tuteurs. — Les tuteurs, au contraire, ne sont pas toujours nécessaires, et comme ils coûtent assez cher, on devra en faire l'économie toutes les fois qu'elle sera possible.

La longueur totale des tuteurs, nécessairement proportionnée à la force et à la hauteur des arbres, variera de $2^m,60$ à $3^m,20$. Leur diamètre moyen sera de 5 à 7 centimètres. Ils devront être enfoncés en terre de $0^m,60$ au moins.

Le chêne et le châtaignier sont les bois les plus convenables; l'érable champêtre et l'acacia donnent aussi de bons tuteurs; le pin, l'aulne doivent être proscrits comme n'ayant pas assez de durée: il est essentiel d'enlever l'écorce, parce que les insectes pourraient s'y loger.

Les tuteurs doivent être plantés en même temps que les arbres, pour ne pas déchirer les racines, comme cela arrive quand on les enfonce plus tard au moyen d'un pieu ferré.

Il convient de les placer du côté de la chaussée.

Les tuteurs dont il vient d'être question, consistent en une perche unique. Ce sont les seuls qui soient mentionnés dans le modèle de devis; mais il y a une autre espèce de tuteurs formés de l'assemblage de trois perches reliées par plusieurs cours de lisses horizontales: cette dépense, très-coûteuse, ne doit être adoptée que lorsqu'elle est indispensable, ce qui arrive rarement aux abords ou dans l'intérieur des villes, et jamais en plaine.

Bourrelets en terre formant chasse-roues. — Les épines et les tuteurs ne suffisent pas toujours pour protéger efficacement les arbres du côté de la chaussée : dans beaucoup de cas, surtout si la route est fréquentée par de nombreuses voitures, il y a lieu de défendre chaque plant au moyen d'une pierre brute, ou, mieux encore, de bourrelets en terre et gazon formant chasse-roue. Une partie des terres restant en excès après la plantation sera naturellement employée à la confection de ces bourrelets, qui peut être confiée soit à l'entrepreneur, soit aux cantonniers de la route. Ils ne produiront aucun effet disgracieux, si l'on a besoin de leur donner des dimensions uniformes, de les dresser proprement et de les aligner.

Travaux d'entretien.

Les travaux d'entretien que l'entrepreneur doit exécuter pendant la durée de la garantie consistent principalement en labours, arrosages, échenillages, ébourgeonnement et taille des jeunes arbres.

Binage ou labours. — Les deux binages ou labours annuels doivent se faire, en général, le premier, au mois de mars ou d'avril, le second, au mois de novembre : ils doivent être exécutés sur une superficie au moins égale à celle du trou de plantation.

Arrosages. — Les arrosages contribuent à la bonne venue des arbres : l'entrepreneur devra faire exécuter à ses frais tous ceux qu'il jugera lui-même nécessaire.

Partout où la proximité d'un cours d'eau ou de fontaines publiques permettra d'introduire un prix pour l'arrosage dans les sous-détails du projet, les ingénieurs ne manqueront pas d'insérer dans le devis une disposition qui rende cette opération obligatoire ; il sera bien de fixer le nombre des arrosages annuels, aussi bien que la quantité d'eau à employer chaque fois.

Echenillages. — Il faudra tenir la main à l'exécution des échenillages, non-seulement dans l'intérêt des arbres de la plantation, mais aussi dans l'intérêt général : car il existe une loi sur cet objet (1), et il appartient à l'Administration de donner l'exemple.

(1) Loi du 26 ventôse an IV.

Taille et ébourgeonnement. — La taille des arbres, ordinairement négligée ou livrée à des mains inhabiles, doit être conduite de manière à faire acquérir aux arbres de belles dimensions en grosseur et en hauteur. C'est un art dont il n'y a pas lieu de développer ici les principes; on se contentera d'en rappeler deux qui sont importants, savoir : que la partie branchue d'un arbre doit occuper le tiers environ de sa hauteur totale, et que l'on doit répartir les branches le plus symétriquement possible autour de la flèche, qui doit toujours dominer.

Les branches latérales, disposées à s'emporter et à absorber une trop grande quantité de nourriture, et celles qui s'étendent horizontalement, doivent être coupées d'abord à quelque distance du tronc (15 ou 20 centimètres) et ensuite retranchées tout à fait.

Les ébourgeonnements compléteront l'effet de la taille en supprimant, au moment même où elles se forment, les pousses qui naissent sur le tronc et à ses dépens.

Invitation de consulter MM. les Inspecteurs des forêts. — En terminant cette partie technique de l'instruction, dans laquelle il n'a pas été possible de tout prévoir, on recommande de nouveau à MM. les ingénieurs de se mettre en rapport avec MM. les inspecteurs des forêts de leurs départements respectifs pour se concerter avec eux, soit sur le choix des arbres, soit sur les précautions particulières que chaque essence et chaque terrain peuvent exiger.

Retenues et Payements.

Retenues en cas de retard. — L'article 22 du cahier des charges dispose que l'entrepreneur sera passible d'une retenue de dix centimes pour chaque jour de retard et pour chaque pied d'arbre non planté, sans que cette retenue puisse s'accroître au delà de un franc par arbre. Des dispositions analogues existent déjà dans le devis général relatif aux fournitures de matériaux d'entretien. Il est peu d'entreprise où il importe plus de se prémunir contre la négligence des adjudicataires que celles qui ont les plantations pour objet, puisque les époques convenables pour leur exécution sont renfermées dans des limites fort étroites, et qu'ainsi tout retard peut avoir pour conséquence le retrait des fonds.

Payements d'à-compte et retenue de garantie. — Il résulte de l'article 23 du devis général que les paiements d'à-compte seront faits, selon l'usage, au fur et à mesure des travaux exécutés, mais que l'on défalquera du montant des dépenses celui des retenues opérées en vertu de l'article précédent, et de plus une retenue de garantie fixée au *quart* des sommes dues à l'entrepreneur.

Garantie imposée à l'adjudicataire, réceptions, moyens de tenir compte des chances de mortalité.

Définition de la garantie. — Ordinairement on impose aux entrepreneurs des plantations l'obligation de remplacer à leurs frais les arbres qui viennent à mourir ou à dépérir pendant la durée de la garantie, et comme cette clause du marché s'applique aussi bien aux sujets nouveaux qu'aux sujets remplacés, il en résulte deux inconvénients graves, l'un qu'il n'y a pas de terme assigné à la responsabilité de l'entrepreneur, l'autre, que la comptabilité de l'entreprise se complique d'une manière fâcheuse.

Dans le modèle de devis général ci-joint, l'entrepreneur répond pendant deux ans des arbres qu'il a plantés, et sa garantie consiste en ceci, qu'on ne lui paye en fin de compte que les arbres vivants. Toute la dépense relative aux arbres morts ou manquants reste à sa charge, mais il n'est pas obligé de les remplacer.

De cette manière, l'entrepreneur est dégagé de toute responsabilité au bout de deux ans.

Réception provisoire. — Ces deux années courent de la réception provisoire, qui doit elle-même avoir lieu dans le courant du mois de mai qui suit chaque plantation d'automne ou de printemps.

Réception définitive. — La fin de la garantie correspond à la pousse de la troisième feuille. Alors l'état de la plantation est constaté par un récolement et les arbres portés comme vivants dans le procès-verbal de cette opération sont définitivement reçus.

Les cas de force majeure ne sont pas réservés. — Pour que la garantie imposée à l'adjudicataire soit sérieuse, il faut qu'elle s'applique à tous les arbres qui viennent à périr ou à manquer pour quelque cause que ce soit ; et il n'est pas possible de réserver les cas de force majeure, qui seraient extrêmement difficiles à constater. Le cahier des charges n'admet donc aucune exception.

Mais, d'un autre côté, la responsabilité de l'entrepreneur ne s'étend pas aux arbres qui seraient simplement, au moment de la réception, malades ou dépérissants, parce que cet état de souffrance n'est pas facile à constater d'une manière précise.

Dépenses faites pour l'entretien. — Les travaux d'entretien, tels qu'ils ont été décrits dans le devis général, doivent être exécutés par l'entrepreneur jusqu'à l'expiration de la garantie ; mais il n'en est tenu compte à l'adjudicataire que pour les arbres qui ont été reconnus vivants dans le récolement final.

Nécessité de tenir compte dans le prix du devis des chances de mortalité auxquels les plants sont exposés. — Le chiffre élevé de la retenue de garantie a été fixé de manière à mettre à couvert les intérêts du Trésor, quel que soit le résultat de la liquidation. Mais il est nécessaire que ceux de l'entrepreneur ne soient pas non plus compromis.

A cet effet, les prix des ouvrages devront être établis de manière à tenir compte à l'adjudicataire, autant que possible, des éventualités auxquelles l'exposent les conditions de son marché. Chacun de ces prix comprendra, outre les frais réels des travaux et le bénéfice de l'entreprise, un supplément pour les *chances de mortalité* des jeunes plants. Cet élément du sous-détail doit naturellement varier suivant les localités, mais en général il ne parait pas devoir dépasser le *cinquième* du prix effectif de l'ouvrage (Voir la note à la fin de l'instruction, page 45).

Ainsi l'Administration prend d'avance à sa charge les pertes que l'entrepreneur aura *probablement* à supporter, et dont il peut diminuer l'importance par ses soins et par son industrie.

D'ailleurs, quelque absolue que soit la responsabilité imposée a l'adjudicataire, les ingénieurs devront chercher à l'alléger en faisant exercer par leurs agents une surveillance active et en réclamant l'application sévère des règlements de grande voirie contre ceux qui seraient signalés comme ayant dégradé les jeunes plants.

Division des travaux en petites adjudications. — Il sera bien, au moins dans les premiers temps, de fractionner les travaux de plantation en petites adjudications qui ne dépasseraient pas 5 à 6,000 francs, afin de provoquer le plus possible la concurrence, et d'attirer surtout les hommes spéciaux, c'est-à-dire les pépiniéristes et les jardiniers habiles, qui pourraient reculer devant les grandes entreprises.

Exécution par régie des travaux de plantation. Pépinières au compte de l'Etat.

Exécution par régie des travaux de plantation. — Dans les instructions et explications qui précèdent, aussi bien que dans le devis général, on a admis que les plantations s'exécuteraient par entreprise. C'est un principe qui peut cependant souffrir quelques exceptions.

Conformément au vœu exprimé par un grand nombre d'ingénieurs, l'Administration se réserve d'autoriser le mode de régie dans les cas suivants :

Lorsque les plants seront tirés de pépinières appartenant à l'Etat, car alors l'entrepreneur ne pourrait être tenu de les garantir, et, en l'absence de cette garantie, il ne serait pas suffisamment intéressé à bien faire;

Lorsque les pépiniéristes, soit par défaut de concurrence, soit par suite de coalition, voudront faire la loi et exiger des prix trop élevés;

Enfin, lorsque des essais et des expériences seront jugés utiles ou que la plantation présentera des difficultés particulières.

Dans ces différents cas, les ingénieurs devront faire prendre les attachements avec assez de soin pour arriver à bien connaitre le prix de chaque partie du travail.

Pépinières au compte de l'Etat. — Il n'existe de pépinières appartenant à l'Etat que dans un très-petit nombre de départements; il y aurait de l'avantage à les multiplier, et cette création serait même nécessaire dans les pays où l'industrie du pépiniériste s'étant peu développée n'offre que des ressources insuffisantes, soit pour les plantations qu'il s'agit aujourd'hui d'effectuer, soit pour leur entretien et leur renouvellement futurs. L'Administration est donc disposée à adopter les propositions bien motivées qui pourront lui être faites dans ce sens.

Ces pépinières spéciales, si les ingénieurs les surveillent avec zèle, si des hommes du métier formés aux bonnes méthodes y sont préposés, pourront donner, au bout de quelques années, à bon marché, des sujets nombreux et bien constitués. Il en résultera une concurrence et une émulation salutaires, qui amélioreront les produits des pépinières privées en même temps qu'elles en abaisseront les prix. Ces établissements devront être créés de préférence sur des points éloignés des lieux où se trouvent les pépinières privées, et dans des terrains qui diffèrent le moins possible de celui des routes à planter. Il est bien entendu qu'on y affectera, avant tout, les terrains dépendant des routes nationales qui pourront être utilisés pour cet objet.

NOTE. (Voir la page 43.)

Il est utile de faire voir par des exemples comment il y a lieu d'établir le prix du détail estimatif et de dresser les décomptes de fin d'année.

PRIX DE LA FOURNITURE ET DE LA PLANTATION D'UN ARBRE, AVEC TUTEUR ET SANS EMPRUNT DE TERRE VÉGÉTALE.

Fouille, 1 mètre de déblai en terre ordinaire, arrangement des terres autour de la fosse et piochages au fond de l'excavation.................	0f 40c
Achat et transport de l'arbre à la distance moyenne de.......... y compris l'empaillage des racines.............................	0 65
Fourniture d'un tuteur en chêne ou en châtaignier..............	0 25
A reporter.............	1 30

Report................	1 30
Main-d'œuvre de la plantation, comprenant le remplissage de la fouille, avec les précautions prescrites, la mise en place de l'arbre et du tuteur, l'arrosage, l'enlèvement des terres en excès et le dressement des accotements et talus................................	0 30c
Épinage..	0 15
	1 75
Outils et faux frais $\frac{1}{20}$......................................	0 09
	1 84
Bénéfice de l'entrepreneur $\frac{1}{10}$..........................	0 18
A ajouter, $\frac{1}{5}$ pour chances de mortalité...............	0 40
TOTAL................................	2 42

PRIX DE L'ENTRETIEN D'UN ARBRE

PENDANT TOUTE LA DURÉE DE LA GARANTIE IMPOSÉE A L'ENTREPRENEUR.

Labours, arrosages, échenillages, ébourgeonnement et autres mains-d'œuvre...	0f 20c
Entretien des tuteurs, des épines et de leurs liens.............	0 08
	0 28
Outils et faux frais $\frac{1}{20}$..............................	0 01
	0 29
Bénéfice de l'entrepreneur $\frac{1}{10}$........................	0 03
	0 32
A ajouter $\frac{1}{5}$ pour chances de mortalité................	0 06
TOTAL..............................	0 38

N. B. Il doit être bien entendu que les chiffres ci-dessus ne s'appliquent qu'à un cas particulier et que chaque élément de l'estimation devra varier dans les différentes localités.

MODÈLES DE DÉCOMPTES DE FIN D'ANNÉE.

On suppose que le travail s'est exécuté en deux ans. Le nombre des arbres plantés et le résultat des récolements faits à l'expiration du délai de garantie sont indiqués dans le tableau suivant :

ARBRES PLANTÉS pendant l'automne de		TOTAL des arbres plantés.	ARBRES MORTS lors du récolement de mai		TOTAL des arbres morts.	ARBRES VIVANTS lors du récolement de mai.		TOTAL des arbres vivants.
1851.	1852.		1854	1855.		1854.	1855.	
1000	»	1500	150	»	250	850	»	1250
»	500		»	100		»	400	

DÉCOMPTE DE 1851.

Ouvrages non reçus.

1000 arbres plantés dans l'automne de 1851, à 2 fr. 50 cent. l'un	2,500f	2,800f
Travaux accessoires exécutés par l'entrepreneur (à détailler dans le décompte)	300	
A déduire ¼ pour retenue de garantie		700
Reste à compter pour 1851		2,100

DÉCOMPTE DE 1852.

Ouvrages non reçus.

1000 arbres plantés dans l'automne de 1851, à 2 fr. 50 cent. l'un		2,500	
500 arbres plantés dans l'automne de 1852, à 2 fr. l'un		1,000	
Travaux accessoires — en 1851	300f	500	
Travaux accessoires — en 1852	200		
TOTAL		4,000	
A déduire ¼ pour retenue de garantie		1,000	
RESTE à compter		3,000	
Sur quoi il a déjà été payé en 1851		2,100	
RESTE à imputer sur l'exercice 1852		900	900

DÉCOMPTE DE 1854.

Néant.

N. B. Si l'entrepreneur avait exécuté quelques travaux accessoires en 1853, il y aurait lieu de fournir pour cet exercice un décompte qui ne différerait de celui de l'exercice précédent que par l'addition de la dépense afférente à ces travaux.

DÉCOMPTE DE 1854.

Ouvrages reçus.

850 arbres plantés dans l'automne de 1851, à 2f 50c l'un	2,125f		
Entretien de ces 850 arbres, pendant deux ans, à 0f 40c l'un	340		
Travaux accessoires exécutés en 1851	300		
TOTAL	2,765	2,765f	

Ouvrages non reçus.

500 arbres plantés dans l'automne de 1852, à 2 fr. l'un	1,000		
Travaux accessoires exécutés en 1852	200		
TOTAL	1,200		
A déduire $\frac{1}{4}$ pour retenue de garantie	300		
RESTE à compter	900	900	
RESTANT des sommes dues à l'entrepreneur		3,665	
Sur quoi il a déjà été payé		3,000	
RESTE à imputer sur l'exercice 1854		665	665f

DÉCOMPTE DE 1855.

Ouvrages reçus.

850 arbres plantés en 1851, à 2 fr. 50 cent. l'un	2,125f	2,925	
400 arbres plantés en 1852, à 2 fr. l'un	800		
Entretien de ces 1250 arbres pendant 2 ans, à 0 fr. 40 cent. l'un		500	
Travaux accessoires en 1851	300f	500	
Travaux accessoires en 1852	200		
TOTAL général des ouvrages exécutés et reçus		3,925	
Sur quoi il a déjà été payé		3,665	
RESTE à payer pour solde sur les fonds de 1855		260	260

Une plantation faite par exception au printemps doit être reçue en même temps que les plantations faites pendant l'automne précédent : ainsi, pour des arbres plantés au printemps de 1852, la réception provisoire aurait lieu dès le mois suivant et la réception définitive en 1854 (art. 24, 25, 26 et 27 du cahier des charges).

Circulaire du Ministre des Travaux publics aux Préfets.

Paris, le 9 août 1852.

ROUTES.

ENTRETIEN DES PLANTATIONS. — INSTRUCTIONS.

MONSIEUR LE PRÉFET,

En traçant, par une circulaire du 17 juin 1851, la marche à suivre pour l'établissement des plantations sur le sol des routes nationales, je vous annonçais l'envoi ultérieur d'instructions spéciales relatives à l'entretien de ces plantations.

J'ai l'honneur de vous adresser ces instructions; sans doute, elles ne renferment pas tous les détails que comporte l'entretien des plantations des routes, mais elles résument les principes généraux des meilleures méthodes, ainsi que les principales conditions à observer. Je n'ai pas besoin d'en recommander la stricte exécution à MM. les ingénieurs. Je compte même sur leur zèle éclairé pour suppléer à ce que ces instructions auraient d'incomplet.

Veuillez, Monsieur le Préfet, m'accuser réception de la présente circulaire, dont j'adresse une ampliation à MM. les ingénieurs en chef et d'arrondissement.

Recevez, Monsieur le Préfet, l'assurance de ma considération la plus distinguée.

Le Ministre des travaux publics,

Signé : P. MAGNE.

INSTRUCTIONS POUR L'ENTRETIEN DES PLANTATIONS.

L'entretien des plantations a deux objets distincts :

1o Les soins à donner aux arbres;

2o Le remplacement de ceux qui viennent à mourir.

1° Soins à donner aux arbres.

Par une instruction en date du 17 juin 1851 on a déjà indiqué les soins à donner aux arbres pendant les premières années de la plantation ; on rappellera sommairement ici en quoi ils consistent; puis on entrera, pour chaque genre de travail, dans quelques détails relatifs aux soins généraux qu'exigent les plantations de tout âge.

Deux binages ou labours annuels seront faits pendant les premières années de la plantation; le premier, au mois de mars ou d'avril, le second, au mois de novembre; on les exécutera sur une superficie au moins égale à celle du trou de plantation, mais en ayant soin de ne pas offenser les racines qui pourraient glisser à la surface du sol.

Ces labours seront continués jusqu'à ce que l'arbre ait environ dix ans de plantation; toutefois, à partir de la troisième ou de la quatrième année, on pourra se contenter d'un seul labour fait au mois de mars.

Dans les terrains humides, quand l'arbre offre une belle croissance, on cesse, sans inconvénient, le binage même avant la dixième année; mais si les terrains sont secs, s'ils sont glaiseux et forment facilement une croûte dure à la surface par les temps chauds, il est indispensable de prolonger les labours.

Arrosages. — Les arrosages sont recommandés par l'instruction de 1851 ; ils sont, en effet, très-utiles à la bonne venue des arbres dans leurs premières années; mais ils sont souvent difficiles sur les routes, ou du moins ils entraîneraient à des dépenses trop considérables; d'ailleurs, l'arbre, en croissant, jette des racines plus profondes et risque moins d'être atteint par la sécheresse.

Cependant, il est un soin que l'on peut prendre; il consiste à pratiquer, sur la partie de l'accotement la plus rapprochée de la plantation, de petites rigoles qui aboutissent au pied de l'arbre et y conduisent les eaux de pluie; ces dépressions peu sensibles ne gènent pas la circulation des voitures; elles recueillent les eaux qui coulent sur l'accotement, et viennent ainsi entretenir l'humidité autour des racines.

Echenillage. — L'échenillage doit être fait, non-seulement dans l'intérêt de l'arbre, mais aussi dans l'intérêt général; et il appartient à l'Administration de donner l'exemple, en se conformant à la loi qui le prescrit (1).

Du reste, quel que soit l'âge de l'arbre, l'échenillage doit toujours être fait avec soin: les plantations souffrent beaucoup quand on laisse dévorer leurs feuilles par les chenilles.

Ebourgeonnement et taille — On a fait remarquer, dans l'instruction de 1851, que la taille des arbres forestiers, ordinairement négligée ou livrée à des mains inhabiles, doit être conduite de manière à faire acquérir aux arbres de belles dimensions en hauteur et en grosseur: on y rappelait combien il est important de laisser aux jeunes arbres une belle tête, et on fixait au tiers environ de la hauteur totale la partie où il convient de conserver des branches; on ajoutait qu'il fallait répartir les branches le plus symétriquement possible autour de la flèche, qui doit toujours dominer; que les branches latérales disposées à s'emporter et à absorber une trop grande quantité de nourriture, et celles qui s'étendent horizontalement, doivent être coupées, d'abord, à quelque distance du tronc (15 à 20 centimètres), et ensuite retranchées tout à fait.

Enfin, on prescrivait les ébourgeonnements, qui complètent l'effet de la taille en supprimant, au moment où elles se forment, les pousses qui naissent sur le tronc et à ses dépens.

A ces principes généraux, il convient d'ajouter quelques détails, qui s'appliqueront surtout aux arbres qui ont déjà quelques années de plantation.

L'ébourgeonnement doit être continué tant qu'il se présente des pousses autour du tronc; mais quand l'arbre a pris de la force, quand surtout on lui a réservé une tête suffisante, toute la sève se porte vers les branches, et les bourgeons ne se présentent plus; si on en remarque quelquefois sur des arbres déjà âgés, c'est une preuve que ces arbres sont mal dirigés et qu'on ne laisse pas assez de branches à la tête.

---

(1) Loi du 26 ventôse an IV.

La taille, dans les premières années, a une très-grande importance : éviter les doubles cimes, retrancher les gourmands, enlever les branches qui prennent une mauvaise direction, celles qui, par leur force, tendent à empêcher la branche maitresse de s'élever verticalement; tels sont, comme on l'a déjà dit, les principaux soins qu'exige la taille des arbres forestiers.

La taille doit avoir lieu tous les ans; toutefois, quand l'arbre a pris une certaine force ; quand il a dix ans de plantation environ, elle peut se réduire à la surveillance de la cime, qu'il importe d'empêcher de se bifurquer.

Elagage. — Mais, à cette époque de la vie de l'arbre, on doit se livrer à une autre opération, c'est l'élagage : l'arbre a acquis assez de force pour que de temps à autre on lui retranche les couronnes inférieures. Cette opération peut se faire tous les trois ans.

L'enlèvement des couronnes inférieures doit s'effectuer de manière que la partie garnie de branches soit toujours, comme dans les premières années, du tiers à la moitié de la hauteur totale de l'arbre; il faut, d'ailleurs, retrancher des branches dans les couronnes supérieures, lorsque ces branches sont trop nombreuses ; ce que l'on reconnait facilement, quand le corps de l'arbre présente une différence notable de grosseur pris au-dessous et au-dessus d'une couronne.

Comme pour la taille, il ne faut pas, en élaguant, couper les branches trop près du corps de l'arbre; en retranchant la branche contre le tronc, il en résulte souvent des pourritures qui, recouvertes par l'écorce, forment par la suite, dans les bois, des nœuds vicieux.

Ecorchures. — L'entretien d'une plantation exige encore quelques autres soins, et on doit dire un mot des arbres qui reçoivent des chocs, attendu que ceux qui se trouvent dans ce cas, sont assez nombreux sur le bord des routes.

L'écorce, lorsqu'elle a été meurtrie et qu'elle n'adhère plus au corps de l'arbre, doit être enlevée; il faut ensuite aviver, en le taillant, le bord de l'écorce non altérée, de manière que les bourrelets qui doivent fermer la plaie puissent se fermer facilement et venir se rattacher sur le bois sans recouvrir des parcelles pourries de la première écorce.

Il faut aussi avoir le soin de protéger le bois mis à l'air contre l'action de la sécheresse, et on peut le faire utilement en recouvrant la partie écorchée de terre glaise ou de toute autre matière analogue que l'on maintient, au besoin, au moyen d'un morceau de toile grossière.

Arbres dépérissants. — Les soins à donner aux accidents produits par les chocs ne sont pas les seuls nécessaires : souvent plantés dans un sol dépourvu de sucs nutritifs, on voit les arbres languir ; c'est alors qu'il importe surtout d'amener à leur pied les eaux de la route, attendu qu'elles sont toujours chargées de parcelles d'engrais. On peut aussi prescrire aux cantonniers de ramasser sur la route le fumier qu'y laissent les chevaux, pour le laisser au pied des arbres, quand ils labourent le sol.

Maladie de l'écorce. — Les insectes qui viennent se loger entre l'écorce et le bois sont souvent causes de maladies pour les arbres, surtout pour ceux dont la surface rugueuse présente à ces insectes plus de moyens de se loger. Ce sont principalement les ormes qui sont sujets à ce genre de maladies : enlever la partie supérieure de l'écorce sous laquelle les insectes sont venus se placer, est le seul moyen d'empêcher l'arbre de périr. On a proposé d'ailleurs de recouvrir les parties où l'on a gratté l'écorce, d'un enduit bitumineux : ce serait un soin peut-être trop minutieux pour les plantations des routes, mais il peut cependant être pris aux abords des villes, où les routes sont de véritables promenades dont les plantations font l'ornement.

Manière d'exécuter les travaux. — Tous les travaux que l'on vient d'indiquer doivent être faits avec soin par des ouvriers expérimentés; en général, il est peu de contrée en France où l'élagage soit exécuté avec l'intelligence nécessaire ; les ingénieurs et les conducteurs seront par suite conduits à former eux-mêmes des ouvriers d'après les principes que l'on vient d'indiquer ; c'est assez dire que ces travaux délicats ne peuvent être exécutés qu'en régie et qu'ils exigent une grande surveillance.

Les cantonniers des routes seraient utilement employés à ces travaux, ou au moins on pourrait les confier à ceux des ouvriers qui feraient preuve d'intelligence. Ce sont aussi les cantonniers qui auront à faire les labours annuels : ce doit encore être à eux à prendre le soin d'entretenir les épinages et de replacer ou de renouveler les tuteurs quand c'est nécessaire.

2° Remplacement des arbres qui viennent à mourir.

Le remplacement des arbres qui viennent à mourir doit se faire sans retard, afin de laisser le moins de différence d'âge possible entre les arbres, et d'avoir, par suite, plus de régularité dans la plantation. D'un autre côté, les jeunes arbres plantés au milieu d'arbres âgés sont souvent gênés par les branches de ces derniers, qui ne laissent arriver ni l'air ni le soleil; afin d'éviter tous ces inconvénients, on doit remplacer immédiatement les arbres morts.

Pour effectuer ces remplacements, on peut :

Ou faire la plantation en régie ;

Ou la confier à un entrepreneur spécial ;

Ou enfin en charger, dans certains cas, l'entrepreneur des entretiens de la route.

De ces trois méthodes, en usage dans divers départements, les deux premières assurent seules un bon choix de sujets; elles doivent donc être préférées, sans exclure toutefois les renouvellements confiés à l'entrepreneur des entretiens de la route dans les localités où on a obtenu ainsi de bons résultats.

Plantation en régie. — Quand les remplacements se feront en régie, il va sans dire que les ingénieurs doivent se conformer pour le choix des sujets et les soins à prendre lors de leur plantation, aux prescriptions de l'instruction de 1851 ; nous n'avons donc rien à ajouter ici.

Remplacements effectués par des entrepreneurs spéciaux. — Si les plantations sont assez nombreuses dans un département pour que les remplacements puissent faire l'objet d'une entreprise spéciale, les conditions auxquelles il convient de passer l'adjudication de cette entreprise doivent être celles du cahier des charges préparé pour les plantations neuves, en retirant toutefois du devis ce qui a rapport à la disposition à adopter pour les plantations, puisqu'il ne s'agit que de renouvellements.

Cette méthode, du reste, entraîne à des dépenses assez considérables : on comprend, en effet, qu'un entrepreneur ne puisse se charger du renouvellement d'arbres en petits nombres, dispersés sur une grande étendue de terrain, et de la surveillance de ces arbres, que sous la condition d'être largement payé des faux frais auxquels il est exposé.

Remplacement par les entrepreneurs de l'entretien de la route. — Le remplacement des arbres, quand on le confie aux entrepreneurs de la route, est quelquefois assez mal fait, attendu que ces entrepreneurs ont recours, le plus souvent, à des sous-traitants, pour un genre de travail qui ne rentre pas dans leur spécialité. Il est cependant quelques départements où l'on a introduit dans les séries de l'entretien des routes des prix pour les arbres à remplacer, et où on est satisfait de cette marche : alors elle peut être continuée, mais les ingénieurs auront à porter un soin scrupuleux à l'examen des sujets fournis ; ils devront insérer au devis d'entretien de la route la condition formelle que l'entrepreneur *sera soumis à toutes les prescriptions du devis modèle pour les plantations neuves :* on en excepterait toutefois ce qui se rapporte à la garantie, dont il importe de réduire la durée, pour la dernière année du bail, à celle fixée pour les travaux, afin d'éviter la confusion qui résulterait de deux entreprises enchevêtrées l'une sur l'autre, et de ne pas compliquer la comptabilité, comme cela aurait lieu si on ne soldait pas l'entrepreneur en une seule fois; cette réduction du délai de garantie présente, du reste, peu d'inconvénients, parce qu'elle s'applique à une seule année de bail et à un petit nombre d'arbres.

Convenance de créer des pépinières — Il résulte de ce qui précède que la méthode à préférer pour les remplacements consiste à les faire en régie : nul doute que cette méthode ne doive être toujours employée quand l'Administration possède des pépinières, et on est conduit alors à conseiller aux ingénieurs d'en créer, de manière à obtenir des plants de bonne qualité et à bon marché.

On pourrait affecter à l'établissement de ces pépinières une foule de terrains non utilisés sur le bord des routes : tels que de petits excédants, des parties de routes abandonnées par suite de redressements, des portions de routes très-larges ; quelquefois même le pied de grands talus en remblais. Ces pépinières, placées sous la garde des cantonniers et cultivées par ces ouvriers, seraient réparties sur un grand nombre de points, et fourniraient le plant, pour ainsi dire, à pied d'œuvre, sans frais notables de transport.

Statistique annuelle des plantations. — L'Administration supérieure qui donne une attention toute spéciale aux plantations des routes doit être tenue au courant de la situation de ces plantations ; il convient donc que MM. les ingénieurs, dans chaque arrondissement, consignent sur un registre les faits principaux qui se rapportent à cette partie du service (1).

Des extraits de ce registre devront être adressés le 1er juin à lI'ngénieur en chef ; ce chef de service, après les avoir résumés par route, en formera un tableau récapitulatif, qui devra parvenir à l'Administration supérieure du 15 au 30 juin ; on devra d'ailleurs, par des observations insérées à ce tableau, justifier les lacunes que présentent les plantations, et proposer des mesures pour les faire disparaître.

Remise au domaine des produits de l'élagage et des arbres morts. — On sait que les produits de l'élagage doivent être remis à la régie du domaine pour être vendus par ses soins ; il s'est élevé souvent des difficultés relativement à l'imputation des dépenses que nécessitent la coupe et la préparation des bois. Dans différentes circonstances, on avait demandé que les frais d'élagage fussent prélevés sur les produits de la vente, mais M. le

(1) Voir les instructions données pour la retenue de ce registre par la circulaire du Ministre des Travaux publics en date du 21 décembre 1853.

Ministre des finances n'a pas admis cette mesure : les frais d'élagage, d'enliassement et autres frais jusqu'au moment de la vente doivent donc rester à la charge du budget des travaux publics. Il faut toutefois les réduire autant que possible : ainsi il arrive qu'on peut se dispenser de fagoter les bois que l'on vend alors à l'état de ramiers. Dans ce cas les branches sont réunies en tas, de distance en distance, et on les remet au domaine par partie, pour éviter qu'elles ne restent sur la route trop longtemps ; les remises peuvent se faire par kilomètre ou par territoire de commune.

Aux abords des villes et villages, pour prévenir les vols, il convient d'obtenir des propriétaires riverains l'autorisation de réunir les bois dans des propriétés closes : en plaine, les cantonniers doivent exercer une surveillance active pour la conservation des produits jusqu'au moment de la vente.

Les arbres morts, ceux qui dépérissent ou ont atteint leur dernier degré de croissance, doivent aussi être remis au domaine ; quand ces arbres ont de faibles dimensions, ils sont arrachés par les ouvriers qui font les remplacements, et, autant que possible, on fait la remise des bois en même temps que celle dés produits de l'élagage.

Si, au contraire, il s'agit d'arbres déjà âgés, les ingénieurs marqueront à l'avance tous ceux à abattre, ils en feront la remise sur pied au domaine, en indiquant les conditions à imposer à l'acquéreur, dans l'intérêt de la circulation, de la sûreté publique, de la conservation des arbres voisins et même des ouvrages dépendant de la route ; puis ils devront surveiller, de la part des adjudicataires chargés de l'abatage, la stricte exécution de ces conditions.

En terminant cette instruction, on doit engager les ingénieurs à faire garder soigneusement les plantations : les riverains les trouvent souvent gênantes pour leurs propriétés, et il en est de mal intentionnés qui cherchent à faire mourir les arbres ; les conducteurs, les piqueurs et surtout les cantonniers doivent donc veiller assidûment à la conservation des plantations, afin de prévenir les délits qui auraient pour résultat ou de faire périr ou de mutiler les arbres.

Situation des plantations des routes au 1er juin 18   des plantations dans l'arrondissement de M. l'Ingénieur.

1° Route n°....... Longueur totale....... Longueur susceptible d'être plantée......... { plantée........... / non plantée......

INDICATION des kilomètres et hectomètres		LARGEUR de la ROUTE.	NOMBRE de LIGNES.	NOMBRE des ARBRES VIVANTS.		TOTAL des ARBRES vivants.	ARBRES		TOTAL des ARBRES à remplacer.	ESSENCE des ARBRES.	ÉPOQUE		OBSERVATIONS.
kil.	hect.			sur le côté droit.	sur le côté gauche.		MANQUANTS.	MORTS.			de la plantation primitive.	du dernier élagage.	

SITUATION des plantations des routes dans le département d
au 1er juin 18

NUMÉROS des ROUTES.	LONGUEURS				NOMBRE DES ARBRES		ESSENCE de la PLANTATION.	ÉPOQUE de la PLANTATION primitive.	OBSERVATIONS.
	TOTALES.	susceptibles d'être plantées.	PLANTÉES.	A PLANTER.	sur les parties plantées.	morts ou manquants.			
TOTAUX. . . .									

www.ingramcontent.com/pod-product-compliance
Ingram Content Group UK Ltd.
Pitfield, Milton Keynes, MK11 3LW, UK
UKHW021006180726
13838UKWH00003B/1466